JN153601

遥かなる鐵路

いま逢いに行ける蒸気機関車

屋鋪 要

協力 環八レイルウェイズ

撮影：屋鋪 貢／1972年2月11日（所蔵：屋鋪 要）

はじめに

東京都大田区某所、町工場の二階に本格的な鉄道模型のレイアウトが張り巡らせている広間で、年に数度鉄道趣味の会が開催されます。 平均年齢はゆうに70歳を越えていて、60歳の私が最年少。その日の話題は「43・10（ヨンサントー）」でした。

昭和43年10月は、日本国有鉄道の大幅なダイヤ改正がなされ、列車運行の様子が大きく変わった日で、昭和30年頃から、蒸気機関車を撮影されていた皆さんが、一人ずつ起立して当時の想い出を語ります。昭和34年生まれの私には、昔話が知り得ない時代の夢物語のように響き、羨ましく感じます。それは、父と私が蒸気機関車に興味を持ち始めたのが昭和45年頃だったからです。

「もっと早く産まれて、鉄道の撮影をしたかった」「父が、若い頃から鉄道に興味を持ってくれていたらな……」

1872（明治5）年10月14日に、新橋（汐留）、横浜（桜木町）間で、鉄道が幕を開けて以来、列車牽引の任を担ってきたのが蒸気機関車でした。当時はイギリスから4機種10輌。その11年後に開通した北海道の幌内鉄道には、アメリカから7100形が8輌輸入され、以来一世紀の長きにわたり、鉄道網は日本全国に拡がり、人々の移動と荷物の運搬、旅の喜びを与え続けてくれたのでした。その間に、およそ370機種何万輌もが輸入、国内製造されましたが、1975（昭和50）年、国鉄による運行は幕を閉じます。

その後の彼らは、どうなってしまったのでしょう？ その答えを、現在も保存されている蒸気機関車と、その現役時代の写真を併せて本書で明かして行きます。

屋鋪 要（鉄道文化人・元プロ野球選手）

大阪市住之江区南港。共永興業大阪南港物流加工基地に、美しい状態で保存されているC12 38。
2007年9月14日
（撮影・屋鋪 要）

1971年の夏。 北海道小樽市の手宮機関区で、ゼブラ塗装のC12 38を見上げる12歳の私。
（撮影・屋鋪 貢）

今も走り続ける
蒸気機関車に逢いに行く

JR北海道から貸与されたC11 207「SL大樹」は、東武鉄道の下今市～鬼怒川温泉間を往復。D51 200は、修復の後に梅小路を飛び出し、SL「やまぐち号」の牽引機として蘇った。四国を除く各地で、週末、祝日をメインに、16輌の蒸気機関車が今も鉄道ファンを楽しませてくれている（大井川鐵道は毎日運行）。その他にも、圧縮空気で動くSLが7輌。ディズニーランドの4輌のような小形機を含めると、40輌ほどの動態機が我が国に存在する。

SL FILE.1

新潟の貴婦人は今も物語を描き続ける C57 180

新潟県新潟市の新津駅は、信越、羽越本線と磐越西線が交わり、国鉄職員が多く暮らした「鉄道の町」だ。市立第一小学校に保存されていたC57 180は、長い眠りから覚め「森と水とロマンの鉄道」の主役を張る。

【DATA】「SLばんえつ物語」磐越西線／製造：昭和21（1946）年・三菱重工業／区間：新潟―会津若松／運行日：4月から11月までの土・日・祝日など

1946（昭和21）年に三菱重工業で製造されたC57 180号機は、新潟地区を離れることなく、羽越本線、信越本線、磐越西線等で活躍。1969年に現役を退き、新津市（現・新潟市）の新津第一小学校に長く静態保存されていた。地元民の声に後押しされて、程度の良かった180号機は、JR東日本 大宮工場に送られ復元作業を受ける。そして、30年ぶりの、1999年に見事に復活。磐越西線で20年、「SLばんえつ物語」の先頭に立つ。

一番好きな蒸機は、と問われれば「C62」と答えるのだが、次となると「C57」だろう。C62より遥かに細身のボイラーから、女性的な印象を感じさせる。「貴婦人」と呼ばれ親しまれるC57は、1号機が山口線で、180号機が磐越西線で走り続けていて、息子が社会人になり、二人で「SLばんえつ物語」の撮影に出かけたのは2012年8月だった。前夜に旅館の懐石料理で栃尾の酒を酌み交わしたことが懐かしく思い出される。　（文・屋鋪 要）

秋の穏やかな日。波も静かな日本海に沿って青森発大阪行の荷物列車をC57 180が黒煙を吐きながらやってきた。
五十川ー小波渡／昭和43（1968）年9月22日（撮影：林 嶢）

現役時代の最後は新津区にあって羽越本線の旅客列車に使用されていた。新津機関区のターンテーブルに乗る同機。
新津／昭和44（1969）年9月23日（撮影：早川昭文）

SL FILE.2

群馬で復活し、JR東日本各地を快走する C61 20

1971年の夏、北海道撮影旅行を終えた父と私は、青函連絡船で函館から青森に渡り、奥羽本線でC61の撮影を敢行したが、20号機に出会うことは叶わなかった。それが、巡り巡って 今――

【DATA】「SLぐんま みなかみ」上越線・「SLぐんま よこかわ」信越本線／製造：昭和24（1949）年・三菱重工業／区間：高崎―水上・高崎―横川／運行日：夏休み期間や紅葉シーズンの土・日・祝日など

東北地方で活躍していたC61は現役晩年に宮崎機関区に転属。日豊本線の南宮崎－延岡間で最後のご奉公をしていた。日向路のC61を撮るために彼の地を訪れた。宮崎駅北方の高架橋で待っていると小雨の降る中をC61 20が勢いよく貨物列車を牽引して出発していった。翌日は高鍋の小丸川鉄橋でC61、C57などを撮影し、駅に戻るとC61 20がタンク車を連ねていた。

D51のボイラーなどを流用、C57の走り装置を新製し組み合わせて誕生したC61は昭和22～24（1947～49）年に33輌製造された。C61 20はD51 1109のボイラーなどを流用、昭和24（1949）年に三菱重工業で製造され、仙台機関区に配置されていた。昭和48（1973）年に廃車後、伊勢崎市の華厳寺公園遊園地で保存されていたが、2011年に現役復活。上越線で「SLレトロみなかみ」を牽引しており、多くの鉄道ファンを喜ばせている。

（文・林 嶢）

小雨の降る中、C61 20がシリンダーからすさまじく蒸気を吐き出して出発していった。
宮崎／昭和47（1972）年5月4日（撮影：林 嶢）

C61 20の活躍は日豊本線が最後だった。上り貨物列車を牽引し、猛然と高鍋を出発する。
高鍋／昭和47（1972）年5月5日（撮影：林 嶢）

SL FILE.3

復活30周年を迎えた JR東日本の人気者 D51 498

一時は不調のために引退の噂が囁かれたが、1988年には海を航って来た「オリエント・エクスプレス」の編成を牽引した経験を持つ。初めて息子と蒸気機関車の撮影を楽しんだのも、房総に遠征してきたこの“罐”だった。

【DATA】「SLぐんま みなかみ」上越線・「SLぐんま よこかわ」信越本線／製造：昭和15（1940）年・国鉄鷹取工場／区間：高崎―水上・高崎―横川／運行日：夏休み期間や紅葉シーズンの土・日・祝日など

山形県温海（現・あつみ温泉）駅の前後は、海沿いを走るので、狭いながらも多少開けた場所があることを期待して夜行列車「鳥海」を降りると、寝台特急「日本海」のD51やC57牽引の一番列車が後を追った。すると、橋梁で下り貨物列車を牽くD51 498と出会えた。ゆったりと走り機関士も川面を眺めているようだった。動態復活後、信越本線松井田の25パーセントの勾配を上る同機の迫力を堪能できたのはうれしかった。（文・八木邦英）

D51 498は、昭和15年11月に国鉄鷹取工場で製造され、山陽本線の岡山、吹田を経て常磐線の平、さらに上信越エリアを持つ長岡第一区などを経て、晩年の昭和41年からは新津、坂町と移動しながら羽越本線で使用された。

昭和47年8月に新津、秋田間の電化が完成。翌9月に酒田区預かりとなったが同年の10月には高崎第一区に移り「八高線100年記念号」が最後の仕業となった。12月に廃車となり後閑駅前に保存展示された。（文・大山 正）

小岩川寄りに少し歩いた橋梁で待っているとD51 498牽引下り貨物列車が白煙をたなびかせてやってきた。
小岩川—温海／昭和44（1969）年9月27日（撮影：八木邦英）

新津区時代に土崎工場で最後の全般検査を受けた直後、羽越本線で快調なブラストを響かせていた。
桑川ー今川／昭和43（1968）年9月23日（撮影：大山 正）

SL FILE.4

東北復興の一翼を担って 釜石線を駆け抜ける C58 239

運行開始から5年目の「SL銀河」が釜石線の人気撮影地、宮森川橋梁を渡る。見上げる少年は何を思うか？

【DATA】「SL銀河」釜石線／製造：昭和15（1940）年・川崎重工業／区間：花巻―釜石／運行日：土日など2日で1往復（運行しない月もある）

橋場線の終着駅である雫石駅。当時は、盲腸線の折り返し運転で、下りは逆向き運転。上りは通常運転で盛岡に向かう混合列車。
雫石／昭和39（1964）年7月（撮影：安達 格）

あの大惨事から3年後、2014年4月12日に運行を開始した「SL銀河」は、釜石線（旧岩手軽便鉄道）を舞台にして書かれた、宮沢賢治の『銀河鉄道の夜』が列車名の由来だ。C58 239は、長く盛岡市内の県営運動公園に保存されていたが、2011年11月に搬出され、大宮工場で修復作業がなされ、動態機として生き還った。土曜日は花巻から釜石。日曜日は釜石から花巻に、東北の復興を願いながら煙を吹き上げる。　（文・屋鋪 要）

現在は秋田新幹線と併用の田沢湖線であるが、撮影した年の9月には2つ先の赤渕駅まで、昭和41年（1966）10月には大曲駅までの全線がつながった。昭和15（1940）年6月に川崎重工・兵庫工場で製造され、撮影当時は宮古機関区に配属されており、山田線（盛岡－釜石）で主に運用。この頃は、郡山式集煙装置を装備し、主灯はシルビドームに付け替えられているが、警戒色の「架線注意」の札もない時代の姿であった。　（文・安達 格）

SL FILE.5

一度も廃車されることなく山口線、北陸本線を走り続けた C56 160

入換え作業の間に小休止。昭和40（1965）年には上諏訪区へ転出した。
昭和37（1962）年3月28日（撮影：杉江 弘）

梅小路に籍を置き、永久保存されるC56 160は、「やまぐち号」や「北びわこ号」の牽引機として長く活躍し、四国に渡った記録もある。この「ポニー」も、2018年5月27日の「北びわこ号」牽引を最後に本線運転から引退。現在は、京都鉄道博物館に戻り、余生を送る。

【DATA】「SLスチーム号」／製造：昭和14（1939）年・川崎車輌／京都鉄道博物館／運行日：当日インフォメーションで確認

ラストナンバーのC56 160は、昭和14（1939）年に川崎車輌で製造され、まずは日高本線の静内機関区に配属となった。その後、芸備線や越後線、鹿児島などで活躍の後、昭和29（1954）年に横浜機関区に配属。昭和37（1962）年、その門をくぐることになった。広いヤードになっていてC56と8620が入換え作業をしたり、浜川崎のC11とC12の廃車や一休車などが置かれていた。当日活躍していた蒸機はC56 139と160、それに8620数輌、あとは新鶴見からやってくるD51であった。

C56 160はその後、DD13に置き換えられてからは上諏訪機関区に転籍した。それからの長い保存運転での活躍はよく知られている通りである。平成30（2018）年5月に引退したものの、京都鉄道博物館で子どもたち夢を乗せる「SLスチーム号」の主力機として頑張っている姿を見ることができるのは嬉しいことである。（文・杉江 弘）

SL FILE.6

北海道を駆けたSLが真岡鐵道で見られる

C12 66

1972年に会津若松で廃車になった後、旧川俣線岩代川俣駅跡に保存されていたが、大宮工場で動態機として復活。1994年から「SLもおか」を牽引。1998年には、NHKドラマ「すずらん」のロケのためJR留萌本線を走った。

【DATA】「SLもおか」真岡鐵道／製造：昭和8（1933）年・日立製作所／区間：下館―茂木／運行日：土・日曜・祝日（年末年始運休）

C12 66は、中央本線、小海線の小運転や構内入換機として腰を据えた。昭和47(1972)年に福島県の川俣線廃止が決定し、地元の川俣町にC12 66、飯野町には西舞鶴のC12 60が無償貸与されることになり、3月に展示の整備が行われた。川俣線には老朽化した白川橋梁強度の関係で自力による単機回送と決まった。5月12日会津若松区で火入れを行い、郡山に回送され扇形庫に入った。翌13日朝に機関区でC12 66＋C12 60の重連組成後、1593レ前部に連結、その前に本務のED7589と三重連になり松川まで回送された。

川俣線最終営業列車734Dが松川駅に到着するとC12 66が単機で岩代川俣に向う。その到着を確認してC12 60が岩代飯野に向かい22時9分定時到着。各駅で両機は側線に入り火を落とし、翌14日に廃車となった。その22年後の平成6年3月にC12 66は真岡鐵道の動態保存機として復活したのである。

（文・大山 正）

郡山工場で整備、C12 66＋C12 60の重連で組成され、ED75に牽引されて松川へと向かう。
郡山／昭和47（1972）年5月13日（撮影：大山 正）

飯山線でスキー臨時列車「戸狩スキー号」を牽引するC12 66。保線職員総出で雪かきをするまで出発できなかった。
桑名川／昭和46（1971）年3月7日（撮影：林 嶢）

SL FILE.7

「カニ目」が特徴で東武鉄道のイベント列車を牽引

C11 207

北海道で、両雄C11 171と長く活躍を続けた207号機は東武鉄道に貸与。2017年8月10日から下今市〜鬼怒川温泉で、週末に「SL大樹」の牽引機となった。この写真は、函館本線でSL「ニセコ号」の先頭に立つ懐かしい姿だ。

【DATA】「SL大樹」東武鉄道／製造：昭和16（1941）年・日立製作所／区間：下今市―鬼怒川温泉／運行日：通年の土日祝ほか

昭和16（1941）年、日立製で静内機関区に配置され、日高本線で活躍していた。サラブレッドの故郷・日高地方で生涯を過ごした。C11 207は昭和49（1974）年に長万部機関区で廃車となり、静内町に保存されていたが、平成12（2000）年、北海道鉄道開業120年で動態復活し、「SLニセコ号」、「SL冬の湿原号」を牽引、活躍していた。平成29年（2017）年、東武鉄道へ貸与され、「SL大樹」を牽引、人気を集めている　（文・林 嶢）

JR北海道で復活後、苗穂工場の検査で車入れ作業中。国鉄時代と変わらない現場の空気を感じた。

JR苗穂工場検修庫／平成19（2007）年4月25日（撮影：大山 正）

日高本線で貨物列車を牽引する。前照灯の2つ目玉が特長だが、動態復活後もそのままの姿であったことがうれしい。
日高三石／昭和48（1973）年8月11日（撮影：林 嶢）

絵笛の牧場にて親子で戯れる馬を見た後、終点の様似に向かった。炭台と給水塔との側線で休むC11 207。
様似／昭和48（1973）年8月10日（撮影：林 嶢）

SL FILE.8

C10形で唯一現存する 大井川鐵道の貴重な動態保存機

C10 8

C10形式で、唯一の保存機がこの8号機だ。大井川鐵道は、現在4輌の動態機を所有していて、毎日SL牽引の列車を運行する。デフレクターを装備しない姿が遠くから見えてくると、撮影に力が入るのは私だけだろうか。

【DATA】「かわね路」大井川鐵道／製造：昭和5（1930）年・川崎車輌／区間：金谷―千頭／運行日：ほぼ毎日運行

ラサ工業宮古工場専用線／昭和40（1965）年11月22日（撮影：大山 正）

明治末期から大正時代にタンク機関車が新造されていなかったが、昭和5（1930）年に近代的設計で登場したのが23輌のC10形で、都市近郊の小単位旅客列車用であった。

ボイラーの使用圧力は、当初14.0kg/㎠だが、間もなく15.0kg/㎠に上げ、当時使用圧力としては最高の機関車であった。昭和12（1937）年製造の16.0kg/㎠のC57が製造されるまでトップで卓越した性能を誇っていた。

（文・林 嶢）

C10 8は、高崎、田端、姫路、仙台、釜石などを経て、戦後は只見川電源開発の工事線（現在の只見線）で活躍した。昭和37（1962）年3月廃車、翌月にはラサ工業宮古工場に譲渡。14年後まで使用され、休車保管されていた。昭和62年、宮古市に移管され、観光「SLしおかぜ号」の運転で甦り、平成6年、大井川鐵道に譲渡された。もし宮古市で静態保存されていたら東日本大震災で津波の直撃を受けていたはずである。

（文・大山 正）

SL FILE.9

現役時代はお召列車を牽引 熊本の小さな英雄 C11 190

正月飾りを付けたC11 190、サイドの水タンクにお召列車牽引の名残りの飾り帯が見える。熊本機関区／昭和46(1971)年1月1日(撮影:小澤年満)

廃車後、熊本県八代市の個人が所有していたものを、大井川鐵道が買い取り、2003年から運行されている。時には門デフを装備されるみどりナンバーの同機は、現在ボイラーの不調で修繕中。復活を待とう。

【DATA】「かわね路」大井川鐵道／製造:昭和15(1940)年・川崎車輌／区間:金谷—千頭／運行日:ほぼ毎日運行

大井川鐵道の新金谷車両区に所属する動態機は、C10 8が岩手県宮古市から。C11 190は熊本県の個人所有。C11 227は北海道で廃車後。戦時中にタイに供出されていたC56 44は1974年に帰国し、現在4輌を有する。過去にはC11 312、C12 164の動態機もあったが引退。期間限定で「トーマス」や「ジェームス」仕様に改装して、子どもたちの人気を得ている。C11 190は、現役時代にお召列車を牽引した経歴がある。（文・屋鋪 要）

C11 190は、仙台、宮古、釜石と移動があったが昭和18年(1943)に九州に渡り早岐などを経て、昭和25(1950)年10月に熊本配属となった。以後24年間を熊本駅入換や三角線に使用され、昭和41(1966)年10月28日に熊本—三角間でお召列車を牽引した。廃車は昭和49(1974)年6月で、その4年後から八代市在住の小澤年満氏が所有されていたが、平成13(2001)年に大井川鐵道に寄贈され営業運転に復活した。（文・大山 正）

SL FILE.10

SLやまぐち号を牽いて
30年のトップナンバー

C57 1

1979年8月1日から、SL「やまぐち」号を牽引し続けたC57形のトップナンバーは、製造後80年を越えたが、幾度の修復を乗り越えて、今も中国地方を走り続ける。C56 160に代わり「北びわこ号」も牽く。

【DATA】SL「やまぐち」号 山口線／製造：昭和12（1937）年・川崎車輌／区間：新山口─津和野／運行日：3月中旬から11月下旬までの土・日・祝日

新津機関区時代には、羽越本線と磐越西線で運用されていた。磐越西線では現在、動態保存機のC57 180が活躍しているが、この時代はC57が優美な姿で旅客列車を日常的に牽引していた。C57 1は昭和36（1961）年2月に羽越本線村上─間島間で急行「日本海」を牽引中、土砂に乗り上げ再起不能と思われたが、5か月もの大修理を受けて奇跡的に復活した。これもトップナンバーの栄光の産物であろうか。（文・新井由夫）

国鉄時代、お召列車は、最高に誉れ高い列車であり、務める機関車も乗務員もその地域の代表であった。さらにコンディションのよい機番が選ばれた。鉄道開業100周年のこの年、新潟県村上市への行還啓にC57 1号機に白羽の矢が立てられた。新津機関区では正装のお披露目があり、夢中になって撮ったものだ。艶のある漆黒に金帯をまとった美しく品のいい姿が水田に映え、疾走する姿に見とれてしまった。（文・八木邦英）

227レを牽くC57 1は微妙な雪模様を描く阿賀野川の徳沢橋梁を力強く駆け抜けていった。
徳沢―豊美／昭和44（1969）年1月3日（撮影：新井由夫）

第23回全国植樹祭の下りお召回送列車。当日はあいにく、雨模様だったのが残念。
中条―金塚／昭和47（1972）年5月22日（撮影：八木邦英）

SL FILE.11

山口線を疾走する姿がよく似合う D51 200

父が中央西線で現役時代を撮影したD51 200は、SL「やまぐち」号の牽引機として2017年に復活。この日も、大野 進二さん（78歳）の運転で「やまぐち号」を追いかけながら何度も撮影した。

【DATA】SL「やまぐち」号 山口線／製造：昭和13（1938）年・国鉄浜松工場／区間：新山口－津和野／運行日：3月中旬から11月下旬までの土・日・祝日

現在は、中央本線の名で統一されている路線だが、その昔は長野県の西部、塩尻から中津川間の95.2kmを中央西線と呼んだ。木曽御岳を縫うように伸びる中央西線は、木曽川と奈良井川に添い、自然豊かな山岳地帯を行く。昭和47（1972）年5月1日の父は、小海線の撮影を楽しんだ後、落合川→中津川→木曽福島と移動している。そして、駅近くで、入線と発車していくD51が牽く貨物列車ばかりを撮影している。父は、車を運転できなかったので納得できるが、風光明媚な撮影ポイントに移動できず、悔しかったのではなかろうか。

中津川に辿り着いたのは夕刻でD51 200貨883レの任務に充てられ、出発を待つ物悲しい一枚が残っている。「もっといろいろなところへ父と行きたかったな。酒を呑みながら、昔ばなしを聞きたかったな」。

D51 200は、新製客車のSL「やまぐち」号を牽き、鉄道ファンを魅了する。（文・屋鋪 要）

後補機を従えて中津川駅で発車を待つD51 200。当時は長野工場式集煙装置を装備していた。
中津川／昭和47（1972）年5月1日（写真：屋鋪 貢）

未だ集煙装置を取り付けておらず、しかも後部にC12の補機をつけ、木曽路を力走する光景はすばらしかった。
上松－木曽福島／昭和37年（1962）年7月12日（撮影：林 嶢）

SL FILE.12

大正の名機が令和の時代も快走する 58654

昭和63年に動態復活。豊肥本線で「SLあそBoy」を牽引の後、車体台枠の歪みにより廃車が確定と思われたが、JR九州小倉工場の努力で再度復活。大正時代の名機「ハチロク」58654は令和の時代も元気に肥薩を快走する。

【DATA】「SL人吉」鹿児島本線・肥薩線／製造:大正11（1922）年・日立製作所／区間:熊本―人吉／運行日:3～11月（金・土・日曜）祝日・夏休み

大正の初期、本格的機関車国産化の第一陣として生まれたのが8620形である。大正3～昭和4(1914～1929）年に687輌製造され、全国的に見られた。58654は、主に九州地方で活躍。昭和50（1975）年3月の湯前線SLさよなら列車（九州管内のDLによる無煙化）の最終ランナーにもなっている。その後、平成元年に静態保存中であったが車籍復活を果たし、車体の修繕整備を経てJR九州熊本車両センター所属として活躍中。　（文・安達 格）

昭和36年（1961）年4月、佐賀・長崎県下視察のため、お召列車が運転された。鳥栖機関区のC57 100が牽引し佐賀駅に到着。ここから西唐津機関区の58654号機に交換され唐津線に入り、笹原峠を越えて唐津駅まで運転された。翌日も唐津駅から58654号機の牽引で唐津線を走った。その後、伊万里から佐世保に向かってお召列車の運転があったが、このときが58654にとっては一番の晴れ舞台だっただろう。　（文・宇都宮照信）

人吉駅構内にて。奥のほうには石造りの機関庫があり、現在は近代化産業遺産として認定されている。
人吉／昭和45（1970）年8月（撮影：安達 格）

昭和50（1975）年3月に廃車となったが、昭和63（1988）年に復活。その後運転中止もあったが、いまは九州を走る。
唐津／昭和36（1961）4月20日（撮影：宇都宮照信）

SL FILE.13

大正時代の初期に産まれた亜幹線用の量産機

8630

東北の西側を行く五能線は、日本海に沿った路線区間が美しい。ここを走らせたい蒸機は、大型のC57やC61ではなく、キュウロクでもない。8620形がベストマッチした。夕陽が日本海に沈む光景と合わせて見たかった。

【DATA】「SLスチーム号」／製造：大正3（1914）年・汽車製造／京都鉄道博物館／運行日：当日インフォメーションで確認

本州最北部の海岸線を走る五能線は、沿線の白神山地が世界遺産に登録されて以後、白神山地への、あるいは冬期にはストーブ列車で知られる津軽鉄道への連絡線として人気が高まっている。また津軽の名峰・岩木山とリンゴ畑の中を走る光景も捨てがたい。

冬は荒れ狂う日本海岸に沿って走る五能線は、好撮影地に恵まれている。なかでも深浦海岸に沿って走る区間は素晴らしい。SLブーム最中の好天に恵まれた4月の末日、大正の名機8620形の当時最若番である8630を求めて五能線を訪れた。

東能代の五能線管理所で仕業前の8630を撮影後、先回りして最初の撮影を行ったのが、滝ノ間—岩館間の第二小入川橋梁だった。レンガ造りの橋脚に支えられた橋梁を混合列車を牽引して8630は軽快に走り去っていった。次の地点は、深浦海岸に沿って走る区間だ。穏やかな日本海に沿った大カーブを走り抜けていった。（文・林 嶢）

すぐ手前は日本海。レンガ造りの鉄橋を行く8630。　滝ノ間－岩館／昭和47（1972）年4月29日（撮影：林 嶢）

4月の穏やかな日本海沿いを8630牽引混合列車が軽快に走り去っていく。
追良瀬－驫木／昭和47（1972）年4月29日（撮影：林 嶢）

SL FILE.14

東北地方と九州で運用され、安住の地は京都の梅小路

C61 2

戦後の旅客牽引機の不足から、余剰の貨物牽引機D51のボイラーと、C57の下回りに2軸台車を組み合せて誕生。東北本線、常磐線、鹿児島本線に配置され、常磐線では初の特急「ゆうづる」はじめ、優等列車を牽引した。

【DATA】「SLスチーム号」／製造：昭和23（1948）年・汽車会社／京都鉄道博物館／運行日：当日インフォメーションで確認

33輌が製造されたC61形は、1、2、18（前頭部の保存）、19、20号機が保存されたが、1号機だけが解体されてしまった。その保存場所がJR仙台研修センターの敷地内であったから驚きを隠せない。時代が変わったのだから仕方がないのだろうか。

大阪府吹田市の、やはりJR研修センターに保存されていたC59 166も解体されてしまったが、なぜ歴史的遺産を護る努力をしてくれなかったのか、残念でならない。国鉄が民営化された今、皆さんの価値観が変わってしまったのだろう。声を大にしても、C61のトップナンバーとC59は元の形に戻らない。

C61 2号機は、難を逃れて九州に移転され、宮崎機関区に所属。鉄道100周年臨時列車で、1972年7月にC61 2＋C57 199＋C55 57の三重連が運行された。特別な一日であったその日、鉄道趣味を通じて親交を深めている方が、父と肩を並べて撮影していたことを知る。縁とは不思議なものである。（文・屋鋪 要）

C61 2＋C57 199＋C55 57が、夢の三重連で運行。日豊本線まで出向き、この一枚を遺してくれた父に感謝。
国分—南霧島信号所／1972年7月31日（撮影：屋鋪 貢）

C61 2牽引盛岡行き列車が、滝沢駅に到着した。電化完成後、駅は移設された。
滝沢／昭和42（1967）年8月7日（撮影：林 嶢）

SL FILE.15

蒸機ファンすべてが憧れた「スワローエンゼル」 C62 2

1950年代前半、東海道本線の特急「つばめ」「はと」を牽引した大型旅客機C62は、最後を北海道で過ごした。「俺はなぜ北海道で生まれなかったんだろう」と思わせるほど、毎日でも見たかったのがこの2号機だ。

【DATA】「SLスチーム号」／製造：昭和23（1948）年・日立製作所／京都鉄道博物館／運行日：当日インフォメーションで確認

C62重連急行「ニセコ」は、函館本線の花形列車だった。早朝から小樽築港機関区でC62などを撮影後、小樽―塩谷間で上り急行「ニセコ」を迎え撃って、上目名に向かって下りの「ニセコ」の撮影に挑んだ。大カーブを見渡せる小高い場所で待つこと一時間。デフに「つばめ」マークを取り付けたC62 2＋C62 重連が険しい山越えをしながらやってきた。ドラフト音も高らかに力闘する光景に大感激した瞬間だった。　（文・林 嶢）

今では多くの人が取り入れている「流し撮り」だが、古くからの鉄道ファンはこの手法を知らずにいた。鉄道写真家の広田尚敬さんの影響で始めるようになったのだが、重連の流し撮りともなれば広角気味になり躍動感が出にくい。そこでタクシーを使って線路と並走。当時は国道も空いていたので何枚も撮れた。しかし長万部から二股までは距離も長く当時の料金で3000円を超えた。それでも会心の一枚となった。　（撮影・杉江 弘）

轟音をまき散らし、山越えをするC62 2＋C62 3重連「ニセコ」。　熱部―上目名／昭和46（1971）年4月3日撮影（撮影:林 嶢）

C62 2とC62 3の重連。デジタル時代なら大いに失敗してもいいが、フィルム時代は緊張感があった。
長万部―二股／昭和46（1971）年6月30日（撮影：杉江 弘）

鉄道マンと蒸機ファンの少年（写真左は私）が身近だった善き時代。
撮影：屋鋪 貢／1971年

COLUMN 1

「蒸気機関車の聖地・小樽築港機関区」

「坊や どこから来たの？」「兵庫県からです」「遠い所からよくきたね。気を付けて撮影するんだよ」「はい！」

48年前の記憶だから確かではないが、北海道の小樽築港機関区で働く人たちと、こんな会話を交わしたであろうか。夢を見ているようだった。憧れの蒸気機関車たちが、ところ狭しとひしめいていたのだから。当時の小樽築港機関区には、50輌の蒸気機関が所属していて、12歳の私は天に昇ったような心持ちだった。自由で、無責任で、おおらかな古き善き時代が日本にもあったのだ。

私が保存機を撮影し始めた2006年頃も比較的緩く、機関区内に入ることを許されたのだが、今は全く様子が変わった。JR北海道苗穂工場には、C62 3とD51 237が保存されているが、開放日ではなかったので事前に許可を申請した。JR東日本 郡山総合車両センターの78693、JR九州 小倉工場のC12 222、鹿児島車両センターのC51 85も、撮影許可を申請して、構内はヘルメット着用だ。あろうはずもないだろうが、万が一のためである。ただし、私の身分がばれて、皆さんに歓待していただいたことは付け加えておこう。

「坊やこっちにきな」と誘われ、キャブ（運転席）に上った昭和の一日。そんな平和な日は、もう戻ってこないのだろうか。（文・屋鋪 要）

C12 6が保存されている小樽市総合博物館には、7106（しずか号）、7150（大勝号）、C55 50もある。
撮影：屋鋪 要／

静態保存機に逢いに行く

北海道には80輌、そして鉄道網のなかった沖縄本島まで、47都道府県すべてに、600輌もの蒸気機関車がいまも存在されているのは驚くべきことだ。男子として生まれたなら、ほぼ全員が一度は乗り物に興味を示すが、その趣向が鉄道であり、蒸気機関車であり続けている方がたくさんいる。
皆さんがお住まいの近くにも、蒸気機関車が保存されているはず。その勇姿を見に行こう。

京都鉄道博物館

C55 1 —— 32
C58 1 —— 34
D52 468 —— 43
9633 —— 44
B20 10 —— 46
C51 239 —— 60
C53 45 —— 66
C59 164 —— 72
D50 140 —— 78
日鉄鉱業羽鶴1080 —— 86

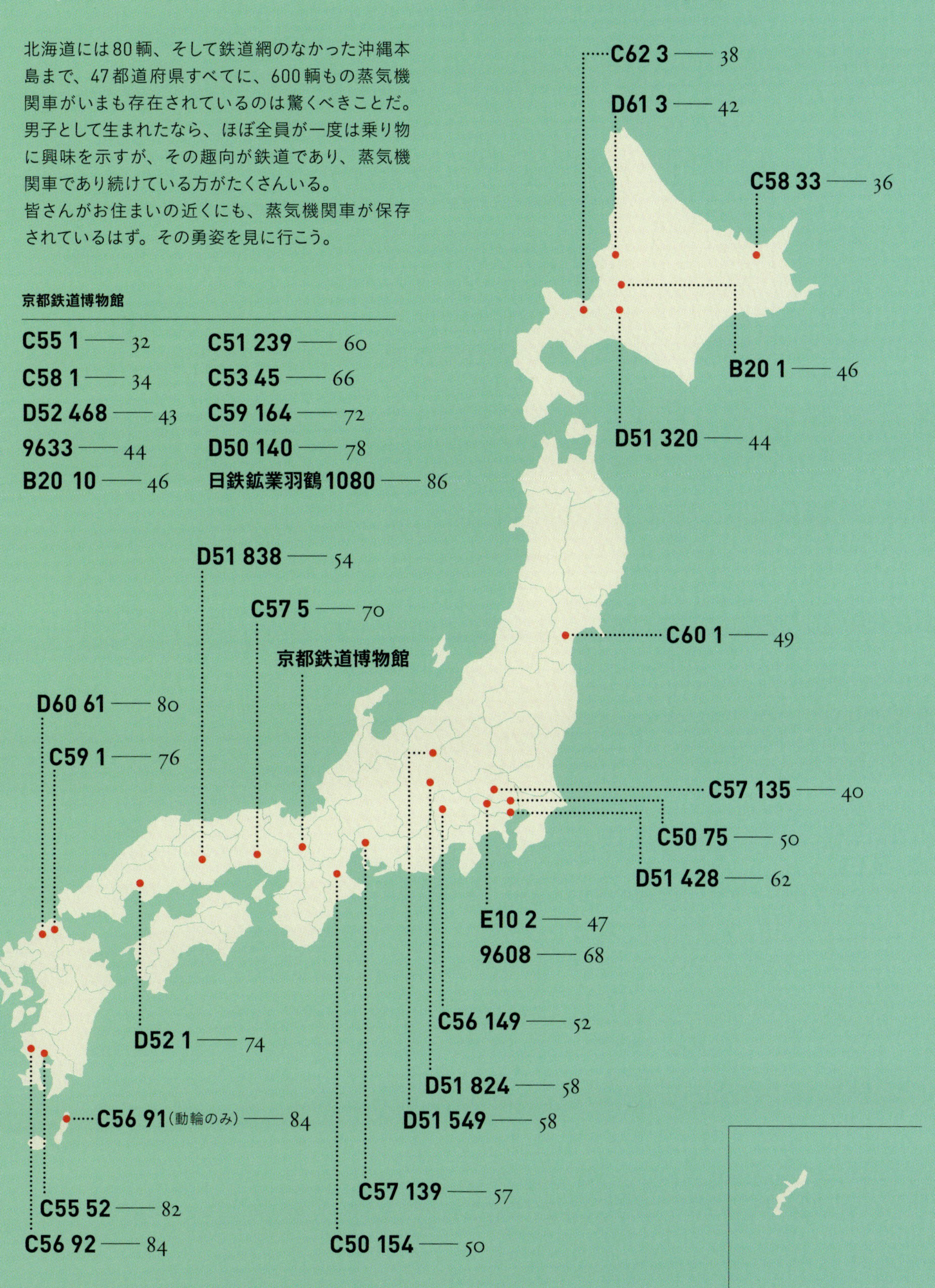

SL FILE.16

現役時代に会いたかった 美しきスポーク動輪の旅客機

C55 1

なんと美しい機関車だろう。細身のボディにスポーク動輪。このC55 1号機が、梅小路の扇形機関庫の中からほとんど動かないことが残念である。現役時代に、一度でいいから宗谷本線を訪ねてこの罐に会いたかった。

【DATA】京都鉄道博物館（京都市下京区観喜寺町）／アクセス：JR嵯峨野線 梅小路京都西駅から徒歩2分／製造：昭和10（1935）年・川崎車輛／全長20.38m・全幅2.78m・全高3.945m

C55は製造輌数62で目的のナンバーに会えるのもそれほど確率の低いものではなかった。しかし、晩年は九州、北海道に集中的に配属されており、遠方であるがゆえに簡単ではなかった。そんな中、鉄都室蘭で光線具合もよく動輪の位置も申し分ないトップナンバー機に出会えたのはラッキーだった。C55 1の撮影前後にC57 141の臨時急行石狩とC55 32の224車両を撮影しており、このC55 1は臨時列車と思われる。（文・早川昭文）

C55のトップナンバーは昭和10（1935）年に小樽築港区に配属後、旭川、室蘭、最後に再び旭川機関区に所属した。北海道を渡り歩いたC55はほかに30、31、32、59号機と5輌のみ。私はC55 1とは室蘭本線の大岸—礼文ではじめて、そして函館本線の神居古潭駅で最後に会った。旭川から少し西の石狩川沿いの景勝地にあったかつての駅は、山陰本線の保津峡と雰囲気が似ていて、どこで撮っても絵になる場所であった。（文・杉江 弘）

室蘭区時のC55 1が臨時列車を牽く。後に旭川区に移動し、宗谷本線で活躍。
東室蘭／昭和41(1966) 年9月4日(撮影:早川昭文)

神居古潭を出発するC55 1牽引小樽発名寄行331列車。
神居古潭／昭和44(1969) 年3月5日(撮影:杉江 弘)

SL FILE.17

北海道から永久保存に選ばれたトップナンバー C58 1

北海道釧網本線で使命を終えた後、昭和47（1972年）の「鉄道記念日100周年」に併せた企画で、京都の梅小路蒸気機関車館に集められたうちの1輌。短期間だが山口線でSL「やまぐち」号を牽引したトップナンバー機だ。

【DATA】京都鉄道博物館（京都市下京区観喜寺町）／アクセス：JR嵯峨野線 梅小路京都西駅から徒歩2分／製造：昭和13（1938）年・汽車製造／全長18.275m・全幅2.963m・全高3.9m

昭和36（1961）年7月30日にレールバス、キハ0320に揺られ、根北線の斜里—越川を往復後、北見機関区を訪れた。目指すは当然、シゴハチのトップナンバーC58 1であった。そして私は、転車台を降りて庫に入る直前にとらえることができた。駅に戻り準急「はまなす」に連結されていたマロネロ38や構内に留置されていたオハ34、スハユニ64の撮影をしてヤード方向に目を向けるとC58 1が貨物列車564レの仕業についていた。ホーム柱の「きたみ」の駅名、旭川、名寄などを写し込むために、やや低い位置から撮影となった。

短編成貨物列車牽引でC58にとっては荷が軽いが、しばらくすると勢いよく出発していった。C58 1の撮影はこのときのみであった。その後は廃車されず動態保存となり、山口線でSL「やまぐち」号などを牽引し活躍していたが、現在は京都鉄道博物館で静態保存されている。

（文・宮地 元）

貨物列車牽引の仕業に向かうため庫から出て転車台に乗るC58 1。
北見機関区／昭和36（1961）年7月30日（撮影：宮地 元）

組成し終わった貨物列車に連結されたC58 1。　北見／昭和36（1961）年7月30日（撮影：宮地 元）

SL FILE.18

流氷の押し寄せるオホーツク海沿いを走った道東のエース

C58 33

1号機と同じく、釧網本線を拠点として活躍した33号機は、デフにJNR（日本国有鉄道）の白い英略ロゴが輝く人気者。1971年に、道北まで脚を伸ばせなかったのが残念だったが、のどかな北海道清里町に行けば今も会える。

【DATA】羽衣児童公園（北海道清里町羽衣町39-91）／アクセス:JR清里町駅から徒歩15分／製造:昭和13(1938) 年10月・川崎重工兵庫工場／全長：18.275m・全高：3.9m

北海道の名物列車であった、函館本線のC62重連急行「ニセコ」亡き後、にわかに注目を浴びたのは石北本線の北見―網走間急行「大雪」くずれを牽引するC58であった。なかでも特に人気があったのは「JNR」マークの入った後藤工式デフレクター装備のC58 33であった。

デフは、元来C58 385が付けていたものを釧路区間区時代に譲り受けたもので、道東の名物機関車であった。釧路区時代は根室、釧網本線、晩年の北見区時代は石北、釧網本線で活躍していた。石北本線で11両編成の「大雪」くずれを牽引して北見から網走へと走る光景は、大型機にも劣らないほどの迫力があった。

また、冬の釧網本線では流氷の押し寄せるオホーツク海岸沿いを「JNR」のマークを誇らしげに見せて走るC58 33は道東のエースで力強く走る姿を見せてくれたのだった。

（文・林 嶢）

「大雪」くずれ網走行1527列車牽引C5833。　女満別─呼人／昭和49（1974）年9月17日（撮影：林 嶢）

流氷が押し寄せるオホーツク海岸を行くC58 33牽引網走行き。　釧網本線 北浜付近／昭和49（1974）年3月2日（撮影：林 嶢）

SL FILE.19

一時は動態復活するも 現在はJR苗穂工場に眠る

C62 3

昭和46（1971）年の夏に、父と撮影した急行「ニセコ」C62重連の前補機がこの3号機だった。1988年から復活運転されたが、現在はJR北海道・苗穂工場内で静態保存。30数年ぶりの再会に胸が熱くなった。

【DATA】北海道鉄道技術館（札幌市東区北5条東13丁目）夏季の毎月第2・4土曜日（13:30～16:00）／アクセス：JR苗穂駅から徒歩15分／製造：昭和23（1948）年・日立製作所／全長21.475m・全幅2.936m・全高3.98m

私が初めて飛行機に乗ったのは、昭和42年に家族で九州を旅行した時だった。1歳の妹が前日に熱を出し、旅行を決行するか否か、両親が悩んでいた姿を記憶している。次の旅は、父と二人で出掛けた北海道の蒸機撮影で、昭和46（1971）年の8月だった。千歳空港に降り立った二人は、どんな経路で函館本線に辿り着いたのだろう。思い出せないが、恋い焦がれた、C62重連、急行「ニセコ」の撮影は、上目名駅（かみめな＝現在は消滅）で下車して、ひたすら目名駅方向に歩いたこと、目的地に着いて、旅館で準備してくれたおにぎりを頬張ったことを覚えている。

父は、13年後の昭和59年8月に他界した。私は6年間の寮生活をした後にプロ野球の世界に飛び込んでしまったので、想い出を語りあうことができなかった。「もう少し長生きしてくれたら……。酒を酌み交わしたかったな」昭和46年の夏の記憶が、薄れてしまったことが残念でならない。　（文・屋鋪 要）

1971年8月の僅か数秒の出来事が、私の生涯忘れ得ぬ想い出となった。本州を追われた国内最大の旅客機C62が、函館本線で重連運行されていた。加えて、57歳で逝去した父と、初めて二人で旅した夏の北海道であった。（撮影：屋鋪 貢）

ニセコを出発したC62 3が秋山踏切付近の大カーブを走り去る。C62はほとんどが廃車されたが、京都で3輌、名古屋と札幌で1輌ずつ見ることができる。　塩谷—小樽／昭和48（1973）年6月17日（撮影：林 嶢）

SL FILE.20

親子三代をつなげてくれた想い出の機関車 C57 135

なんと美しい蒸気機関車であろうか。細いボディに175cm（動輪径）の長い脚。現在は、さいたま市の「鉄道博物館」に保存されている、この1輌こそが、父と私と息子を繋いでくれた。保存機撮影のきっかけとなった罐だ。

【DATA】鉄道博物館（さいたま市大宮区大成町3-47）／アクセス：JR大宮駅からニューシャトル鉄道博物館（大成）駅から徒歩1分／製造：昭和15（1940）年・三菱重工業／全長20.3m・全幅2.936m・全高3.95m

私は興奮していたに違いない。記憶は薄れてしまったが、冷静でいられるはずがない1971年夏の北海道だった。それまでは、ほとんどD51しか見たことがなかった私の経験を、見事に覆してくれたのが北海道の蒸気機関車たちだった。同じD51でも、「ナメクジ」を見たのは初めてだった。マンモス機D52も長い貨物列車を牽引して悠々と眼前を走り過ぎて行く。

小樽築港機関区には、C12、9600、C62、D51も当然のように居て、50輌が所属していて蒸機が犇めいていた。函館本線の急行「ニセコ」を撮影できたことに大満足したが、ひと際優雅に走る姿を見せてくれたのが、室蘭本線を行くC57形旅客列車であった。1975年12月14日、国鉄が最後と定めた旅客運行列車に、135号機を晴れ舞台に送り出した。C57 135は、父と私と息子を繋いでくれた蒸気機関車そのもので、さいたま市の「鉄道博物館」で永久に保存される。　（文・屋鋪 要）

岩見沢を猛然と出発する室蘭行222列車。撮影に訪れたファンも見える。　岩見沢／昭和50（1975）年9月14日（撮影:林 嶢）

早朝の出会い。岩見沢へと向かうC57 135牽引の旅客列車とD51牽引の貨物列車がすれ違う。
栗山ー栗丘／昭和50（1975）年11月2日（撮影・林 嶢）

SL FILE.21

国鉄最後に命名された同機は道北の留萌市に保存

D61 3

この機種は、6輌しか製造されていないが、3号機だけが保存されている。公園の隅から、中央に移動され撮影しやすくなった。元ヤクルトスワローズの大打者・若松 勉さんのお父様が運転していたとは誰も知るまい。

【DATA】留萌市見晴公園（北海道留萌市見晴町2丁目）／アクセス：JR留萌駅から徒歩15分／製造（改造）：昭和35（1960）年・国鉄郡山工場／全長19.73m・全幅2.78m・全高3.98m

D61 3＋D61重連混合列車。この区間は岬越えだが一旦、日本海を離れ、寂漠とした雪原を走る。
力昼―古別丹／昭和37（1962）年3月（撮影：長谷川進吾）

D61が羽幌線用に改造され入線したのは昭和35（1960）年。全部で6輌であり、これだけでは重い石炭列車に対処できず、D51や9600と共通運用で、大抵は重連で石炭専用列車と客貨混合列車を牽引していた。私が訪れた昭和37（1962）年3月、まだ客車と貨物が分離されておらず、混合列車も走っていた。羽幌線は海岸沿いの路線であるが、岬越えの勾配区間もあり、石炭満載の上り列車は重連運転が行われていた。（文・長谷川進吾）

D61は1軸従台車のD51を2軸従台車に改造、昭和34（1959）～36（1961）年に浜松、郡山工場で造られた国鉄最後に命名された蒸気機関車。D61 1は誕生当初、稲沢第一機関区に配置され、関西本線で使用されたが間もなく深川機関区留萌支区に転じ、全機が羽幌、留萌本線で使用されていた。私が訪れた時、いまは留萌市見晴公園に保存されているD61 3は無残な姿で休車中だったが、他のD61が元気に活躍していた。（文・林 嶢）

SL FILE.22

北海道で会いたかった D52のラストナンバー機

D52 468

大沼湖畔を五稜郭へ向けて走るD52ラストナンバー機、D52 468。大沼—仁山／昭和46(1971)年7月26日(撮影:林 嶢)

D52形式のラストナンバーが、468号機だ。小学生だった私が、北海道で会いたかった機関車の1輛だった。昭和42年3月4日に、土砂崩れで脱線転覆。廃車の危機を乗り越え、梅小路の保存機に選ばれ撮影の夢が叶った。

【DATA】京都鉄道博物館（京都市下京区観喜寺町）／アクセス：JR嵯峨野線 梅小路京都西駅から徒歩2分／製造：昭和21（1946）年・三菱重工業／全長21.005m・全幅2.91m・全高3.982m

昭和21（1946）年2月、三菱重工業で誕生したD52 468は、D52のラストナンバー機である。当初、沼津機関区に配属されたが、東海道、山陽本線の電化が進むにつれて、吹田、姫路第一機関区へ。昭和35（1960）年10月には北の大地・北海道五稜郭機関区へ移動。函館、室蘭本線で活躍していた。九州とともに、蒸気機関車天国であった北海道には、C62やD52、地方鉄道の蒸気機関車を求めて幾度も訪れた。

函館本線山線のC62重連はもちろんだが、大沼湖畔、噴火湾（内浦湾）に沿って、あるいは美しい駒ケ岳を背に走り、素晴らしい光景を醸し出してくれた。D52 468は五稜郭機関区を訪問しても、あるいは大沼湖畔で待っていても撮影できなかったが、この日は偶然にも撮影を終え、帰り支度をしていると轟音を轟かせ、駒ケ岳を背に大沼湖畔を駆け抜けていった。D52 468を撮影できたのは、これが最初で最後となった。（文・林 嶢）

SL FILE.23

日本で最初の量産貨物用機関車 9633/D51 320

（上）9633とD51 320が仲良く並ぶ。D51 320は長万部機関区配置で、のちに追分区へと移動した。小樽築港機関区／昭和40（1965）年10月5日（撮影：八木邦英）

（左下）小樽築港機関区の構内で、客車や貨車の入れ換え作業に従事していた9633が、梅小路に保存されている。

【DATA】京都鉄道博物館（京都市下京区観喜寺町）／アクセス：JR嵯峨野線 梅小路京都西駅から徒歩2分／製造：大正3（1914）年・川崎造船所／全長16.563m・全幅2.626m・全高3.813m

（右下）北海道の追分機関庫の謎の火災により、多くの機関車が消失してしまったが、320号機は幸運にも難を逃れた。訪ねた日が、その年の最終の公開日で、国鉄OBの皆さんとお会いし、お話を聞けたのは貴重な体験だった。

【DATA】道の駅あびらD51ステーション（北海道安平町追分柏が丘49-1）／アクセス：JR追分駅から徒歩15分／製造：昭和14（1939）年・日立製作所／全長19.5m・全幅2.78m・全高3.98m

数多造られた9600形の中で、昭和42（1967）年にNHKの連続テレビ小説「旅路」で主に登場し、有名になった機関車が9633だった。撮影をしたこの頃はまだ、そのような背景を知る由もなく、小樽築港機関区で運用の合間にたたずむD51 320と並ぶ機関車の一輌だった。

当時、国鉄線で4桁の機番を持つ9600形は20数輌ほどで、SLブームの走りだったこともあり、ドラマ放映後に9633の名は一躍知れ渡り、同機の知名度がいやが上にも高まった。大正生まれの名機のひとつである貴重性もあって、今日の保存・展示につながったことと思われる。末永く愛されることを期待してやまない。

また、D51 320は、のちに追分機関区に移動。国鉄貨物列車の最後の牽引D51 241とともに夕張地区で活躍していた。廃車後は、道の駅あびらに保存・展示されていることに感謝したい。　（文・八木邦英）

SL FILE.24

国産国鉄形 最小と最大の タンク機関車

B20/E10

E10 2／勾配の厳しい路線用として1948年に誕生したE10は、汽車会社で5輌が製造され、2号機だけが保存されている。米沢、熊本県人吉区、金沢などに移動。晩年は米原―田村間の接続運転で活躍したが、短い生涯だった。

【DATA】青梅鉄道公園（東京都青梅市勝沼2-155）／アクセス：JR青梅駅から徒歩15分／製造：昭和23（1948）年・汽車会社／全長14.45m・全高3.982m

B20 10／工場専用線の入れ換えなどに使用する目的で、大戦末期の1945年に、郡山工場と富山の立山重工で15輌急造された。現在1号機が北海道岩見沢市にあり、10号機は京都鉄道博物館に保存。

【DATA】京都鉄道博物館／アクセス：JR嵯峨野線梅小路京都西駅から徒歩2分／製造:昭和21（1946）年・立山重工業／全長7m・全幅2.722m・全高3.150m

国鉄新製蒸気機関車のタンク機で、最小のB20は、構内入換用として、昭和20～21（1945～46）年に、郡山工場で1～5号機が、立山重工業で6～15号機が製造された。

晩年まで残された1号機は、小樽築港機関区で使命を終えて、岩見沢市の東山総合公園に静態保存されたが、現在は、同市の静寂な場所、万字線鉄道公園に移転さている。10号機は、鹿児島機関区から動態のまま梅小路に移動。どちらの余生が幸せなのだろうか。

一方のE10は、連続する急勾配と、トンネル内で乗務員を煙から守るために逆向運転を目的として昭和23（1948）年、汽車会社で5輌製造された。奥羽本線で使用された後、熊本の人吉区、金沢、米原、米坂に移転して短い一生を終える。北陸本線では、急行「たてやま」を牽引した記録が残されているのが興味深い。国鉄最後の新設計及び最大のタンク機関車であった。現在は2号機だけが青梅市の鉄道公園に残っている。（文・屋鋪 要）

SL FILE.25

北と南のB20は廃車後の運命を二分している　B20 1/B20 10

C62、D51など大型機がたむろする中を小さなB20がせわしなく働いていた。
小樽築港機関区／昭和40（1965）年10月5日（撮影：八木邦英）

小さなB20が石炭車（セム）を牽く光景が愛らしい。
鹿児島機関区／昭和35(1960)年3月5日（撮影：宮地 元）

鹿児島機関区のB20 10は撮影できており、北のB20 1を何とか撮りたいと考えていたが、仕事の折に小樽築港機関区を訪ねる機会を得た。入換専用機だが、扇形庫内の無火の機関車の移動など、想像以上に力のある仕事に就き、驚いた。若干、汚れが気になったが、ドームにかかれた鐘に十文字の安全記章には職員の心意気を感じた。昭和42（1967）年に廃車となったが、現在は万字線鉄道公園に保存されている。　（文・八木邦英）

昭和35（1960）年3月9日、鹿児島機関区を初めて訪問した。当時、東京連絡の特急「はやぶさ」、急行「霧島」などを牽引するためのC61をはじめ、C55、C57、C51の旅客用の蒸機が配置され、活気に溢れていた。B20は機関区に到着したセム（石炭輸送用の貨物）をガントリークレーンと大型給炭槽へ移動や構内の入換えに使われていた。背丈もセキとほぼ同じでほかの蒸機たちに比べ、小さなかわいい姿が印象的だった。（文・宮地 元）

SL FILE.26

国鉄時代最後の新設計勾配用Eタンク機関車 E10 2

次の仕業に備えてしばし側線で休むE10 2。米原機関区／昭和36(1961)年9月9日(撮影:林 嶢)

米原を出発し、逆向で田村へと向かうE10 2。米原／昭和36(1961)年3月2日(撮影:林 嶢)

国鉄新製蒸気機関車タンク機で最小はB20だが、最大はE10である。昭和23(1948)年、汽車会社5輌製造されたE10は、当初、奥羽本線福島－米沢間の難所・板谷峠越えに、昭和24(1949)年には肥薩線矢岳越えに、昭和26(1951)年からは北陸本線の倶利伽羅峠越えに使用されていた。E10は連続急勾配とトンネルに耐えうるよう逆向運転を目的に製造され、ボイラーはD52クラスで1E2軸配置の国鉄最後の新設計機関車だった。

倶利伽羅峠など北陸本線線路改良、勾配緩和後は、米原－田村間の交直接続用として使われた。昭和36(1961)年、米原を訪れた時、すでにE10 5などは休車、廃車となったものもあり、動いていたのはE10 2だけであった。機関区近くで出入りする機関車を眺めていると、E10 2が逆向きで田村へ向けて力強く出発していった。交直接続用E10の役目も昭和37(1962)年には終わり、D50にその任務を託したのである。　(文・林 嶢)

前端梁の白線に1年前のお召列車牽引の名残をとどめていた。この1年後に盛岡までの電化が完成し仙台方面の運転を終了した。
東仙台ー岩切／昭和39(1964)年3月15日(撮影:大山 正)

COLUMN 2

「たった一輌残されたC60を保存する会」

C60はC59の改造機関車である。そのC59はC53の後継機として太平洋戦争が始まった昭和16年から終戦後の昭和22年までに173輌が製造された。その後、さらに大型のC62が登場、同時に東海道本線電化が西に進み、大量の余剰車が発生した。この活用策として線路規格が低い地方幹線に転用するため「軸重軽減」を行い、従輪を1軸追加した2-C-2のハドソンに生まれ変わったのがC60である。さらに余剰が増え最終的には47輌が改造された。

C60が活躍した線区は東北、奥羽、常磐、鹿児島、長崎などの地方幹線だった。C60 1はその改造トップの機関車であり、元は昭和17年に日立で製造されたC59 27で、昭和28年11月に浜松工場で改造されてC60 1となった。まず東京の尾久機関区に配属され常磐線で評価運用を行い、1年後には盛岡機関区に移動、仙台～青森間の普通旅客列車を担当した。

昭和33年から2年間は東北初の特急列車「はつかり」の十三本木峠越えのため盛岡～青森間で、本務機C61の前に立ちヘッドマークを輝かせ補助機関車として活躍。さらに昭和38年5月に第14回全国植樹祭では盛岡～青森～尻内間でお召列車牽引の栄誉に浴した。

昭和36年頃に機関士席前窓に旋回窓を、翌年にはシンダ飛散対策として誘煙小デフ板が煙突を囲い、昭和38年にはATS-S用発電機とシールドビーム予備灯（LP405）が取付けられ盛岡配属のC60として独特のスタイルをしていた。終焉は「ヨンサントオ」とよばれた東北本線青森電化・複線化完成によるダイヤ改正だった。盛岡、青森に配属されていた13輌のC60とともに廃車され東北からC60が姿を消した。この時に本機は青森・盛岡間の「お別れ運転」でC60 30やD51 928と重連運転で最後を飾った。C60 1では14年10ヶ月、C59からの通算では27年の生涯で2,356,698kmを走行。現在は仙台市西公園に我が国唯一のC60形として大切にして保存されている。

（文・大山 正）

SL FILE.27

現役時代に撮影したかった憧れの形式

C60 1

初めてこの保存機に会いに出掛けた日は、東北地方に台風が接近していたが、仙台駅からタクシーを利用し撮影決行。その後、保存会が発足して手厚く護られている。C60形で唯一残る1号機で、私も保存会の会員だ。

【DATA】西公園（宮城県仙台市青葉区桜ヶ岡公園）／アクセス：地下鉄東西線 大町西公園駅から徒歩8分／製造：昭和17（1942）年・日立製作所／全長21.36m・全幅2.936m・全高3.98m

先輪２軸、動輪３軸、従輪２軸の車輪配置を総称して、ハドソン機と呼ぶ。この軸配置機は、C61、C62とC60の３機種で、C60が改造機として最後に生まれた。 特急列車を牽引した機関車の古くは、C51、C53が代表的だが、それに代わるC59が戦前から製造され、C61、C62へと進化する。C60は浜松工場（18～22号機は郡山工場）の改造によって生まれ変わった。改造機は１～39号、と、101～108号機のナンバーに分けられ、計47輌が世に出た。

私は仙台に静態保存されている同機しか見ることはできないが、諸先輩方が撮影された、長崎本線の大浦海岸沿いを行くブルートレイン「さくら」「あかつき」のヘッドマークは輝いていた。東北本線ではC61との重連で特急「はつかり」［上野—青森］の仙台と盛岡間だけ前補機に立つ。常磐線でも数々の優等列車を牽引したC60は、現役時代を一度だけでも撮影したかった形式だ。（文・屋鋪 要）

SL FILE.28

C50 75/154

8620形を進化させた中型客貨両用機

C50 154／廃車後、同地に残されたC50は、158輌製造されたうち6輌が保存されている。鉄道模型のKATOが、50年以上前にNゲージで初めてモデル化した車種で、50周年記念にも再現された。地味だが通好みの蒸機だ。

【DATA】観音山公園（三重県亀山市関町新所1574-1）／アクセス:JR関駅から徒歩20分／製造:昭和8(1933)年・三菱重工業／全長16.68m・全高3.885m

C50 75／1971年に、亀山機関区で廃車になったC50 75を最初に撮影した2006年を思い出す。古い情報を頼りに出掛けたが見つからず、足立区役所でたずねた。北鹿浜公園に移転、子供たちの声が絶えないところに保存されている。

【DATA】北鹿浜公園（東京都足立区鹿浜3-26-1）／アクセス：日暮里・舎人ライナー 西新井大師西駅から徒歩23分／製造：昭和4（1929）年・川崎車輌／全長16.68m・全高3.885m

父と蒸機の撮影に出かけた回数は少なく、11歳の5月の関西本線と、夏の北海道の2回だけだった。兵庫県川西市の自宅からの経路は、福知山線の川西池田から大阪。環状線で天王寺。出発から降りだした雨は時を追うごとに強くなり、関西本線に乗り継ぐと雨粒が車窓を叩きつけるほどになり、待ちに待った、父と出掛けた初の蒸機撮影は運に見放された一日になった。「この雨では加太越えのポイントまで行くのは無理やな」父がぽつりと言った。私の、悲しそうな顔を見るのが辛かったに違いない。

加太で下車して駅を行き交うD51の客車、貨物列車を何本か撮影した後、父は機転を利かしたのだろう。雨は少し小降りになり、向かった二駅先の亀山機関区には、C11、C57、C58、D51等が所属していただろうか。入換え作業に従事する、C50のラストナンバー154号機との記念撮影は、父が残してくれた想い出の一枚になった。　（文・屋鋪 要）

亀山機関区にはC50 75、C50 76と連番の2輌が配置されており、入換え作業をしていた。
亀山機関区／昭和43（1968）年11月17日（撮影：林 嶢）

化粧煙突、それに美しい煙室扉のハンドルを持ったC50のラストナンバーは印象に残る。
小山ー思川／昭和40（1965）年4月25日（撮影：杉江 弘）

SL FILE.29

朽ち果てる運命から見事に生き返った「ポニー」

C56 149

これほど地獄と天国を見た保存機は他にない。山梨県北巨摩郡高根町清里は、時代が流れ、北杜市高根町清里に地名が変更された。左下が森の奥に放置されていた頃。右上が清里駅前にある現在だ。

山梨県北杜市の森の中で、C56 149を初めて探り出したのは2008年9月だった。写真を見ていただければ言葉は要るまい。信じられないほど見事に修復され、JR小海線の清里駅前に舞台を移し、永久に保存されるだろう。

【DATA】JR清里駅（山梨県北杜市高根町清里）／アクセス：JR清里駅すぐ／製造：昭和13（1938）年・三菱重工業／全長14.325m・全幅2.805m・全高3.9m

父は、小海線に3度撮影に出かけていて、高原のポニー（C56の愛称）が余程気に入っていたことがわかる。小海線は、山梨県の小淵沢と長野県の小諸を結ぶ、山岳地帯を行く路線だ。その経路は、大阪→名古屋。名古屋から中央西線の撮影を絡めるか、塩尻経由で小淵沢まで直行したかは知れないが、小淵沢にたどり着いたのだろう。

紹介した一枚は、八ヶ岳連峰をバックにしたがえる、小海線随一の撮影ポイント、境川橋梁だ。私も、保存機撮影のため何度も小海線に出掛けているが、この道筋は変更されていてもう見ることはできない。日本のJR標高最高地点や、野辺山駅も最も高い位置にあり、駅前の南牧村美術民俗資料館にはC56 96が保存されている。運行列車は、蒸気機関車からディーゼル気動車に変わったが撮影を楽しめ、旅をするだけで自然が満喫できるお薦めの路線だ。八ヶ岳連峰の右上に雲がかかったのが残念だったろう。　（文・屋鋪 要）

小海線随一の撮影地・境川橋梁は、八ヶ岳連峰を背景に「高原のポニー」が貨物と客車の混合列車を牽く。1972年の夏に、国鉄は鉄道ファンのために粋な計らいをした。　清里ー野辺山　昭和47（1972）年8月（撮影：屋鋪 貢）

昭和13（1938）年生まれのC56 149は小海線の主だった。SLブーム時にはイベント列車「3Lの旅」号が運行され、賑わった。
中込ー北中込／昭和47（1972）年6月18日（撮影：林 嶢）

SL FILE.30

デフに鳳凰の装飾が鮮やかに再現された D51 838

岡山県新見市、井倉洞駐車場に保存された838号機は、当初普通のD51だった。二度目に訪ねて驚かされたのは、デフに鳳凰の飾りがなされたことで、この蒸機が、誇り高いお召列車牽引機であったことが伺える。

【DATA】井倉洞駐車場（岡山県新見市井倉409）／アクセス：JR井倉駅から徒歩15分／製造：昭和18（1943）年・国鉄鷹取工場／全長19.730m・全幅2.936m・全高3.98m

D51 838は太平洋戦争たけなわの昭和18（1943）年に兵庫・神戸市の国鉄鷹取工場で製造された。すでに戦争による資材不足は深刻化しており、1943年製造分のD51は一部に簡略化した構造を取り入れられ、このD51 838にも鉄製のアングル材を縁にして木板を張るという簡易構造のデフが採用されたようだ。戦後、木製部分は鉄板に替わったが、アングル材をそのまま使用したため、正面から見ると一見、厚板のような印象の上部に折れ曲りのない様式となった。

戦中戦後を通じて中国地方に配属されたが、伯備線を受け持つ新見区が18年間と最も長く、中国山地越えのトンネルの多い路線のため後藤工場式（のちに後藤工場施工の鷹取工場式）集煙装置が取り付けられた。昭和46（1971）年4月に行われた第22回全国植樹祭（島根・広島県）におけるお召列車牽引機（米子→岡山間）の栄光に浴したのも古参機だったからと思われる。（文・山下修司）

D51 838（新）牽引のお召列車。運転当日は水曜日だったが、この週は中学校が家庭訪問で“半ドン”となっており、父の運転で駆けつけた。線路ぎわの警官いわく「もうすぐ来るから早く鉄橋を渡りなさい」。のんびりした時代だった。
豪渓―総社／昭和46（1971）年4月21日（撮影：山下修司）

お召列車牽引の大役を果たし、岡山機関区に入区したD51 838（新）。機関区内では30人ほどのファンが集まった。
岡山機関区／昭和46（1971）年4月21日（撮影：山下修司）

【DATA】秋田市大森山動物園（秋田市浜田字潟端154）／アクセス：JR新屋駅から徒歩25分／製造：昭和13（1938）年・国鉄土崎工場／全長19.73m・全幅2.936・全高3.98m

COLUMN 3

「いまなお子供たちの笑顔を運ぶ 1/5スケールのD51 232号製作記」

昭和42年、国鉄土崎工場機関車職場に在籍していた私は、「1/10・D51を作ってもらいたい」と指示された。

形式は土崎工場でも製造経験のあるD51とし、番号は土崎工場製第1号の232号と決めた。D51の模型ならいろいろな所で作られているので、「できるだけ実物に忠実な1/5とし、どこにも負けない出来栄えにしようではないか」受け持ち地域から蒸気機関車が消えて行き、仕事も激減しつつある情勢下、士気高揚にも資するのではないかと考え職場は盛り上がった。

ある日、模型づくりに理解のあった工場長が代わってしまった。後任の工場長は雷を落とすことで全国にその名を轟かす厳しい鬼工場長だった。そして毎日のように現場に現れて、模型に対する注文を言い始めたのだ。そうこうしているうちに旋盤職場に依頼していた主台枠ができてきた。これにボイラ膨張受を介して組み立ててみると、たちまちにして、あの精悍なD51の棒台枠が再現されてきたのだ。

翌年、模型は見事に完成し、工場創立60周年には、ときの石田礼助総裁の前で堂々の走行をしてみせた。当初意気込んだ給水ポンプによる給水や、空気圧縮機を突かせることはできなかったが、ガス管で造った大煙管には過熱管も通し、過熱蒸気で走らせることは実現できた。

あれから50年。かつて万雷の咆哮とともに激走を繰り返した蒸気機関車の雄姿は、もはや遠い昔の思い出となってしまった。予備機として造った1/5・D51 552号は実物の552号煙室扉とともに、秋田駅連絡通路に静態保存されているが、イベント時に走行している。一方で、秋田市大森山動物園前に安置されたD51 232号は雨ざらしになって朽ち果てようとしていたが、見事に補修されて、美しい姿を取り戻した。

（文・三品勝暉）

SL FILE.31

お召列車を 18回にわたって牽引 C57 139

竹馬の友が撮影してくれた最初の保存機は、当時名古屋市千種区のJR東海写真研修センターにあったC57 139だ。「高い所にあったから撮るのが大変で、降りる時に捻挫したよ」と、冗談を言っていたのが懐かしい。

C57 139の現役時代は名古屋機関区に所属し、お召列車牽引機として大切にされた。現在は名古屋市港区「リニア・鉄道館」に保存され、人々の温かい視線を浴びる。ぴかぴかに磨きあげられて永遠に生き続ける。

【DATA】リニア・鉄道館（名古屋市港区金城ふ頭3-2-2）／アクセス：あおなみ線 金城ふ頭駅から徒歩2分／製造：昭和15（1940）年・三菱重工業／全長20.28m・全幅2.936m・全高3.95m

加藤慶一 ——私の大親友である。出会いは11歳。奴が愛知から兵庫へ引っ越ししてきたことから始まり、気の合った私たちはお互いの家を往き来し、運動神経が良さそうなので少年野球のチームへ入ることを勧めた。

中学、高校は離れ離れになったが、プロ野球の世界に進んでからも親交は続き、愛知に戻っていた奴とは名古屋遠征のたびに酒を酌み交わした。決まって行く店は手羽先の唐揚げ屋「風来坊」だった。何でも遠慮せずに言い合えた仲で、喧嘩もしたが、恨みを残すことはなく、遠くで暮らしていても、いつもお互いの幸せを願っていた。

私の保存機撮影に協力してくれて、最初に撮ってくれたのが、当時名古屋市千種区の、JR東海社員研修センターに保存されていたC57 139だ。彼のドライブで、愛知県と岐阜県の保存機を撮影した日が忘れられない。

この章は、7月に急逝した慶一と、お世話になった母と弟、娘の春希に贈る。（文：屋鋪 要）

SL FILE.32

長野を疾走した D51 D51 549/824

D51 824／「またD51、またまたD51か」正直に述べると、D51の撮影にはマンネリを感じていた。それもそのはずで、保存機の4分の1以上がそれなのだ。諏訪湖畔に鎮座する824号機は、変形デフであったため撮影を楽しめた。

【DATA】諏訪市湖畔公園（長野県諏訪市湖岸通り5丁目）／アクセス：JR中央本線上諏訪駅から徒歩で10分／製造：昭和18（1943）年・国鉄浜松工場／全長19.7m・全幅2.936m・全高3.98m

D51 549／北海道の約90輌に次いで、35輌が保存されているのが長野県だ。D51も北海道が24輌。2位が20輌の長野県。1115輌も製造されたD51は、現在も約170輌が残されているが、そのうちの一輌は大学キャンパスにある。

【DATA】長野県立大学後町キャンパス（長野市西後町614-1）／アクセス:JR長野駅から徒歩10分／製造:昭和15（1940）年・国鉄長野工場／全長19.7m・全幅2.936m・全高3.98m

私の出身地は中央西線の岐阜・釜戸で、終戦直後、遊び道具のない時代には近くを轟音と煙を吐き上げて通り過ぎる蒸気機関車が魅力的に見え、それゆえ中央西線には親しみを持って撮影してきた。昭和46（1971）年秋、木曽景勝地、寝覚ノ床を訪れたが、この付近はすでに複線化されていた。寒い日で白煙を上げたD51 549が勇ましくやってきた。機関車は集煙装置を取り付けた中央西線の標準スタイルだった。（文・早川昭文）

首都圏から蒸気機関車の煙が消えていくテンポに合わせるように、幹線系線区も輸送の近代化が進められていた。篠ノ井線もご多分に漏れずDD51形に置き換えが進み、ついにD51 549号機と824号機との重連によるさよなら運転を行うとの案内があった。機関区では装飾などの準備に忙しい中、撮影することができた。549は地元長野工場製、824は長野工場タイプの除煙板を装備、一貫して長野地区で働いた機関車だった。（文・八木邦英）

白煙すさまじく、カーブを通り過ぎるD51 549牽引下り貨物列車。　倉本ー上松／昭和46（1971）年9月25日（撮影:早川昭文）

きれいに整備された赤ナンバープレートのD51 824。　長野機関区／昭和45（1970）年2月21日（撮影：八木邦英）

SL FILE.33

お召列車牽引機の装飾で保存される C51 239

C51は四国以外の三島で、特急、急行列車等を牽引した、昭和当初の名機である。特に239号機は、お召列車の指定機として、名古屋機関区に所属、任務を全うした。現在は、京都鉄道博物館で保存されている。

【DATA】京都鉄道博物館（京都市下京区観喜寺町）／アクセス：JR嵯峨野線 梅小路京都西駅から徒歩2分／製造：昭和2（1927）年・汽車製造／全長19.994m・全幅2.7m・全高3.8m

1960年代のはじめにはシゴイチは、北海道、東北、信越、関西、山陰、九州の幹線と亜幹線で活躍していた。昭和36（1960）年5月7日、新潟機関区ではC51が6輌配置されていた。構内を見渡すと村上から832レを牽引して庫に戻り、給炭と給水を終えたC51 239が休んでいた。撮影には最高の条件だったが、残念なのは美しい化粧煙突であるにもかかわらず、火の粉止めが付けられていたことであった。（文・宮地 元）

お召列車牽引機として有名なC51 239は、その役目を解かれ新潟機関区へ行き、磐越西線、羽越本線、信越本線などで老体に鞭打って活躍した。新潟機関区では形式的な写真は撮れたが、列車牽引中の239に出会うことはできなかった。昭和37（1962）年2月、新潟機関区で撮影が終わり、次の撮影地に向かうためにホームで待っているとC51 239牽引の磐越西線列車がやってきた。これを最後にまもなく廃車となった。（文・林 嶢）

新潟機関区のC51 239。　新潟／昭和36（1961）年5月7日（撮影：宮地 元）

磐越西線で旅客列車を牽引して新潟駅に到着したC51 239。　新潟／昭和37（1962）年2月22日（撮影：林 嶢）

SL FILE.34

岡山で使命を終え 東京で保存される D51 428

保存機を巡る喜びは、父が現役時代に撮影した蒸気機関車に逢えることだ。新見で現役を引退した428号機は、東京で保存されていた。ジャイアンツ時代のグラントキーパー荒木さんが公園を守っていた。縁は奇遇なものだ。

【DATA】東調布公園（東京都大田区南雪谷5-13-1）／アクセス：東急池上線 御嶽山駅から10分／製造：昭和15（1940）年・日本車輛／全長19.73m・全幅2.936m・全高3.98m

蒸機ファンならば、誰もが知るポイントである。伯備線の布原信号所を発車したD51三重連は、緩やかな勾配を登り、右にカーブすると第23西川橋梁を渡り終えてすぐトンネルに入る。終焉を間近に控えた昭和40年代の後半は、俯瞰できるこの丘に、何千人もの撮影者が三脚を立て、シャッター音が地面を激しく叩く雨粒のごとく、静寂な山あいに轟いたそうだ。

当時の三田（さんだ）学園は、甲子園出場の常連校になりつつあり、私は入試に合格して附属中学に入学。蒸気機関車が各地で終焉を迎える時代と寮生活が重なった。

北海道、七尾線、小海線、中央西線、関西本線、紀勢本線、播但線、筑豊本線、日豊本線など、父は野球漬けになった息子のために、各地に出掛けてSLを撮影してくれたのだろう。一度だけで良かった、父と撮影に出掛けたかったが、その夢は叶わないまま、D51は伯備線からも消えていった。（文・屋鋪 要）

布原信号所で束の間の停車の後、３輛のD51が順次汽笛を鳴らし、緩やかなS字カーブを登ってくる。お立ち台（撮影地）で構える3000台ものカメラのシャッター音。20秒ほどのドラマが全国の蒸機ファンを熱狂させた。
昭和47（1972）年2月11日（撮影：屋鋪 貢）

❶C51 264　亀岡／昭和36（1961）年11月5日 ❷C51 279　若松／昭和28（1963）年3月27日 ❸C51 254　奈良機関区／昭和36（1961）年11月3日 ❹C51 100　加太ー柘植／昭和36（1961）年10月1日

COLUMN 4

「夢中になって追いかけたC51、C54の思い出」

多くのファン諸氏と同様に、私は鉄道模型を作るために実物の写真撮影を始めたのが、鉄道写真にのめりこむきっかけだった。それは中学一年の時であった。実家が天王寺から近かったため、最初の出会いは関西本線の蒸気機関車だったが、その中でもひときわ夢中になったのがC51であった。その魅力は、自分の身長より高いスポーク動輪と美しい化粧煙突だった。パイプ煙突のC51にはあまりレンズを向けなかった記憶が残っている。現役で活躍していた頃のC51を見ることができなかった諸氏には不遜なことかもしれないが、それが正直な気持ちだった。

地元、奈良機関区のC51 25、218、254号機と梅小路機関区の264、265、亀山機関区の100、225、そして伊勢機関区の228号機は大正時代の姿そのもので、心躍る存在であった。その後、親からの許可がおりて、遠く山陰、九州、そして磐越西線などへ旅ができるようになり、いろいろな形態のC51に出会い、

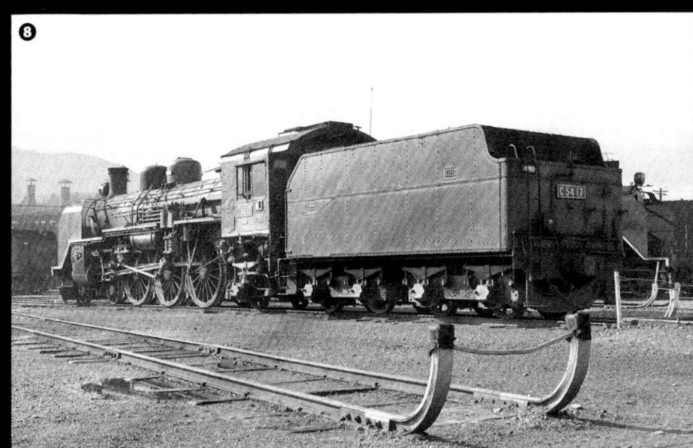

❺C54 17　福知山機関区／昭和35(1960)年12月26日 ❻C54 15　米子機関区／昭和37(1962)年8月2日 ❼C54 10　米子ー安来／昭和37(1962)年8月2日 ❽C54 17　福知山／昭和35(1960)年12月26日

不幸な事故機や改修機の姿を目の当たりにすると機関車一輛一輛すべてにそれぞれの人生と味わいを感じるようになった。こうして大阪の中学生はまるで何かに取りつかれたかのように3年間で休車を含めて68輛のC51をカメラに収めることになる。

一方、C54は、何といっても絶滅危惧種的な存在で当時の福知山機関区に6輛すべてが配置されていたが、平家一族が西に追いやられるのと同じ運命に、惜別の思い一心で最後を看取った感がある。C54は前照灯に違いがあったくらいで残存6機ともほぼ同じ形を残していたが、ボイラー上の1つのコブとリベットむき出しのテンダーはほかのパシフィック機とは一線を画していた。

しかし、あまりにも短い余生と山陰の遠隔地に配置されていたため、全機と出会うことができたものの、走行写真を十分に撮れずに終わったことを後悔する毎日である。

（文・杉江 弘）

SL FILE.35

国産唯一の3シリンダー機は昭和初期に特急列車を牽引 C53 45

私の生地は大阪市此花区で、西九条駅の隣が弁天町。その駅前の交通科学館に保存されていたC53 45号機は、私が幼稚園時代の遠足で初めて見た蒸機だった。昭和初期、唯一無二の3気筒国産旅客専用機であった。

【DATA】京都鉄道博物館（京都市下京区観喜寺町）／アクセス：JR嵯峨野線 梅小路京都西駅から徒歩2分／製造：昭和3（1928）年・汽車製造／全長20.625m・全幅2.8m・全高4.0m

C52をモデルに昭和3（1928）年、汽車会社、川崎車輛で97輌製造され、東海道や山陰本線で使用されていたが、昭和25（1950）年、全機廃車となった。そのうち45、57の2輌が吹田教習所、浜松工場に教習用として保存されていた。その後、57は解体されたが、45は鷹取工場に保管されていた。昭和36（1961）年10月開館の大阪交通科学館の展示車両の目玉としてC53 45が選ばれ、復元された。　（文・林 嶢）

中学生時代、C53が復活すると聞いた時は忘れもしない。昭和36（1961）年9月21日は授業があったが、担任の先生に願いを素直に伝えたら「抜け出していいよ、みんなには言わないで」と許可が出た。大阪駅ではじめて対面したC53、ホームから降りて、真横からの美しい姿を大判カメラで撮った。一時的復活運転のため動輪のタイアが薄い点など特徴がある。この日、塚本駅で聞いた3シリンダーの音は忘れられない。　（文・杉江 弘）

「つばめ」のヘッドマークを取り付け保存、展示中のC53 45。　大阪 交通科学館／昭和38（1963）年8月21日（撮影：林 嶢）

授業を抜け出して大阪駅で対面したC53 45。　大阪／昭和36（1961）年9月21日（撮影：杉江 弘）

SL FILE.36

大量生産された貨物用機はキューロクと呼ばれ親しまれた

9608

D51の1115輌に次ぎ、770輌も大量製造されたのがこの9600形。愛称「キューロク」で、大正期を代表する貨物用機だ。北海道、九州の炭鉱鉄道で活用されていた同機も多く、キューロクの人気は今も根強い。

【DATA】青梅鉄道公園（東京都青梅市勝沼2-155）／アクセス：JR青梅駅から徒歩15分／製造：大正3（1914）年・川崎造船／全長16.563m・全幅2.626m・全高3.813m

私が初めて見た蒸機の一輌は9608であった。大阪の天王寺近くで育った関係で、鉄道写真を撮り始めたのが竜華機関区、中学一年生だった。9600形の中で竜華最古参の9608は全国の鉄道ファンからも注目される存在。初期の9600形特有のキャブ下端のS字ラインなど、大正時代のカマの原型を保っていたことに尽きる。1962年に廃車となったが、その後、青梅鉄道公園で保存され、その姿を見ることができるのはうれしい。　（文・杉江 弘）

大正2～15（1913～26）年の間に770輌も製造された9600形は、国産加熱式機関車の先駆をなす貨物用蒸気機関車でボイラー中心が高いのが特徴。9608は大正3(1914）年、川崎造船所製。吹田第一機関区で働いていたが、昭和34（1959）年に竜華機関区に移動、ヤード等の入換をしていた。当時9600形の最若番でキャブ下がS字型曲線をした化粧煙突（最初の18輌のみ）など初期の9600形の面影を残す貴重な機関車だった。　（文・林 嶢）

入換作業の合間であるがちょうどいい位置に停まってくれた。デフ下のS字曲線処理が美しい。
竜華機関区／昭和36(1961) 年1月2日(撮影:杉江 弘)

化粧煙突が装備された初期型の9608を正面からとらえた。
竜華機関区／昭和37 (1962) 年1月4日 (撮影：林 嶢)

SL FILE.37

保存会の方々の愛情が垣間見れる西の貴婦人

C57 5

目映いばりに再塗装された姫路城は、白すぎると酷評されているが、このC57 5号機は保存会の皆さんに護られて、現役当時を思わせる、程よい半艶の黒に保たれている。保存機の色あいは大切にして欲しいと願う。

【DATA】御立公園（兵庫県姫路市御立西4-1766-1）／アクセス：JR姫新線 余部駅から徒歩30分／製造：昭和12（1937）年・川崎重工業／全長20.28m・全幅2.936m・全高3.945m

この頃になると蒸気機関車の最後を見送る機会が増えた。山陰線も無煙化間近となり撮影を計画した。桜満開の京都、嵯峨という魅力ある駅名に惹かれ、上り通勤列車を待った。朝の陽射しを浴びて名機C57 5が勢いよく発車してきた。金沢機関区時代には北陸本線で活躍、電化により移動してきた機関車だが、一桁番号で形式文字入りのナンバープレートをもつ貴重な機関車。折からのSLブームの中でも人気を博した。　（文・八木邦英）

北陸本線の金沢電化で梅小路機関区に転属してきた形式ナンバープレート付きC57 5。

山陰本線京都口には、ドームの後方に重油併燃タンクを取り付けた福知山機関区のC57も走行していたが、梅小路機関区のC57はほとんどが原型を保っていて美しかった。なかでも5号機は美しかった。名撮影地の保津峡対岸で待っていると馬堀に向かう昼過ぎの敦賀、豊岡行923列車がC57 5に牽かれてやってきた。　（文・早川昭文）

嵯峨を出発する京都行のC57 5。　嵯峨／昭和46（1971）年4月11日（撮影：八木邦英）

保津峡を行くC57 5牽引旅客列車。　保津峡－馬堀／昭和42（1967）年12月3日（撮影：早川昭文）

SL FILE.38

C53の後継機として東海道や山陽路の特急・急行列車を牽引

C59 164

C59形式は、173輌製造だが3輌のみの保存。C53の後を継ぎ、九州、山陽路、東海道の優等列車を牽引した。164号機は、蒸機末期の頃、呉線が昼行となる寝台急行「あき」等を牽引した後に梅小路に保存されている。

【DATA】京都鉄道博物館（京都市下京区観喜寺町）／アクセス：JR嵯峨野線 梅小路京都西駅から徒歩2分／製造：昭和21（1946）年・日立製作所／全長21.575m・全幅2.78m・全高3.98m

山陽本線も電化され、C59やC62などと瀬戸内海を一緒に入れて、大型蒸気機関車の美しい写真が撮れる場所は呉線のみになっていた。須波、安芸川尻、小屋浦など撮影ポイントは多くあったが、呉線では大きな駅である呉駅でかつての本線で活躍するイメージを追いかけてみた。

私が最初に撮ったC59は、昭和36（1961）年8月、岡山駅での164号機だったが、この日、呉駅で待っていると164号機に牽引された徳山発糸崎行列車が到着した。駅員の許可を得て、ホームのはずれから同列車の出発も撮ることができた。

C59は元々、東海道や山陽本線など複線化された幹線用の大型機関車である。また均整の取れた美しいパシフィック形で船底形テンダーを持つ戦後形C59は日本蒸気機関車では最も車長が長く、スレンダーで私の好きな機関車でもある。

（文・早川昭文）

徳山発糸崎行624列車到着。　呉／昭和43（1968）年4月1日（撮影：早川昭文）

徳山発糸崎行624列車出発。　呉／昭和43（1968）年4月1日（撮影：早川昭文）

SL FILE.39

大戦の最中に産声を上げたマンモス機のトップナンバー

D52 1

広島から芸備線に乗り継ぎ、矢賀に向かう道程で胸の鼓動が高鳴った。その理由は、JR貨物・広島車両所内に保存されていたD52形がトップナンバーだったからだ。現在は、JR貨物フェスティバルの際にのみ公開される。

【DATA】JR貨物広島支店広島車両所(広島市東区矢賀5-1-1)／アクセス:JR矢賀駅から徒歩10分／製造:昭和18(1943)年・国鉄浜松工場／全長21.105m・全幅2.91m・全高3.982m

日本最大級の貨物用機関車は、昭和18～21（1943～46）年にかけて285輌製造されている。戦時中の製造ゆえ資材も粗悪で欠陥も多かったが、戦後に整備・改造されて生まれ変わった。東海道、山陽、鹿児島、函館本線などで1200トン貨物列車を牽引して活躍。一部は御殿場線でも使用された。山陽本線電化も迫った昭和39（1964）年3月、小郡機関区を訪問した時、D52 1を中心に頭を並べて休んでいる光景に感動した。（文・林 嶢）

星が瞬く夜明け前、山陽本線戸田駅で下車、富海に向かって約1時間歩いて特徴ある複線断面トンネルを抜けると海辺に出る。ブルトレ牽引のC62を動画で残すことにのみ興奮していた。他列車にはさほど熱も入らぬままトンネル出口にカメラを据えていると、突然D52 1が正面から襲ってきた。今にして思えば随分贅沢な撮り方をしていたものだ。山陽本線の全線電化は翌年の7月25日、後悔してもしきれない。（文・三品勝暉）

小郡機関区に勢揃いしたマンモス機の勇雄な横列D52たち。　小郡機関区／昭和39（1964）年3月3日（撮影：林 嶢）

長大編成貨物列車を牽引し、トンネルから出てきたD52 1。　富海－戸田／昭和38（1963）年11月（撮影：三品勝暉）

SL FILE.40

戦前最大の旅客用蒸気機関車は全長21mを超える

C59 1

3輌のみ残るC59の、トップナンバーは、北九州市門司区の九州鉄道記念館に、59634と共に、輝かんばかりの状態で保存される。特急「さくら」「かもめ」「あさかぜ」等々の、優等列車を牽引した昭和の花形蒸機だ。

【DATA】九州鉄道記念館(福岡県北九州市門司区清滝2-3-29)／アクセス:JR門司港駅から徒歩3分／製造:昭和16(1941)年・汽車会社／全長21.36m・全幅2.78m・全高3.98m

昭和36年、汽車好きが高じて国鉄に入った私の現場実習は門司。まだ鹿児島本線の旅客列車はC59牽引が主力であった。しかも初の乗務実習機がC59 1だった。もちろん私の手に負える機関車ではない。投炭訓練、チューブ突きなど過酷な作業も実体験した。あまりの過酷さに昨日まで蒸気機関車を趣味の対象としてきたことに後ろめたさを感じてしまう。でも過酷さゆえに蒸機ならではの絆が生まれることも知った。（文・三品勝暉）

山陽本線の電化によりC59形は余剰となり、糸崎・熊本・仙台機関区に残るのみと知り、昭和39（1964）年に初めて九州へ行き、運よく機関区で整備中の1号機を撮影できた。翌年は鹿児島本線田原坂信号場付近で下り「みずほ」のヘッドマークをかざし、最後の活躍を収めることができた。昭和40（1965）年、蒸気機関車さよなら列車を牽引。装飾を残した同機は小倉工場に準鉄道記念物として保管された。（文・八木邦英）

特急「はやぶさ」を牽引し、門司を出発するC59 1。　門司／昭和36（1961）年11月（撮影：三品勝暉）

熊本機関区のC59たち。門司ー熊本間の旅客列車牽引の主力機。　熊本機関区／昭和39（1964）年3月21日（撮影：八木邦英）

SL FILE.41

キューロクを後継すべく産まれた1D1ミカド型の先駆蒸機だ

D50 140

北九州の石炭が西日本の産業を支えた時代があったことを、現代の若者は知らないだろう。晩年は直方機関区や若松機関区に所属し、普通列車、運炭列車を牽引したD50 140号機も、父が撮影した懐かしい1輌だ。

【DATA】京都鉄道博物館（京都市下京区観喜寺町）／アクセス：JR嵯峨野線 梅小路京都西駅から徒歩2分／製造：大正15（1926）年・日立製作所／全長20.003m・全幅2.78m・全高3.955m

大正時代の名機、9600形貨物牽引機の製造総数は770輌に及んだが、その後も貨物量が増加したため需要に追い付かず、276輌が9900（後の104輌がD50）形として送り出された。軸配置は、先輪1-動輪4-従台車が1の、1D1ミカドのはしりとなったこの形式は、総数380輌が製造されて四国以外の各地に配置された。 現在の運搬分野を考えると、空輸やトラックでの配送が常識であるが、この時代は鉄道がそのほとんどを担っていたということがわかる。

北海道と、九州の炭坑地域も活躍の場であったが、石炭の需要減少と共に、各地の炭坑専用線も廃線となった。北九州の炭坑産業が盛んだった頃の1965年に、無名だった三池工業高校が、夏の全国高校野球甲子園大会で、全国制覇をしたことが思い出された。

監督の名は 原 貢（私の父と同名）。現在の読売巨人軍、原 辰徳監督のお父様だった。

（文・屋鋪 要）

貨物用D50は旅客用のC51とともに大正の名機。北見三治公園に25と鉄道博物館に140と2輌のみ保存されている。
直方機関区／昭和43（1968）年11月23日（撮影：林 嶢）

直方機関区に所属する同機は、このあと間もなく梅小路に送り出されて永久保存された。
昭和47（1972）年7月22日（撮影：屋鋪 貢）

SL FILE.42

筑豊本線・久大本線を活躍の場にしたローカル線客貨両用機

D60 61

福岡に3輌、山口に1輌保存されているD60形のなかでも、この61号機がピカーの美しさを誇っている。それもそのはず、直方市在住の江口氏が私財を投げうって修復してくれたのだ。「汽車倶楽部」の皆さんに感謝。

【DATA】高浜町児童公園(福岡県芦屋町高浜町2)／アクセス:遠賀川駅からバス「自衛隊前」下車5分／製造:昭和3(1928)年・汽車会社／全長17.248m・全幅2.78m・全高3.95m

久大本線は、その名の通り久留米－大分間の路線であるが、ほとんどの列車は機関区があり、長崎本線の接続駅である鳥栖まで運行されていた。長崎本線で列車撮影を兼ねて待っているとD60 61に牽引された10輌編成の鳥栖行622列車が電化された鹿児島本線上を軽快に走ってきた。武骨なイメージのD60も門鉄デフを装備するとカッコよく見えたものである。なおD60は、1、27、46、61と4輌のみ保存されている。　　（文・早川昭文）

軸配置1D1のD50を1D2と軸重軽減し、9600形に替わるべく丙線規格に使用できるように改造したのがD60で78輌あった。ローカル線を走っていたが、SLブーム時、九州でD60のハイライトは筑豊本線、久大本線であった。筑豊本線のD60は直方機関区に配置され、長大な石炭列車を牽いて筑豊路を走った。久大本線は大分機関区に集中配置され、名峰・由布岳を背に、渓谷美の玖珠川に沿って煙をたなびかせた。　　（文・林 嶢）

鹿児島本線を行くD60 61牽引鳥栖行普通列車。　肥前旭―鳥栖／昭和39（1964）年4月2日（撮影：早川昭文）

直方機関区でD60 69とともに待機するD60 61の両雄。　直方機関区／昭和47（1972）年5月3日（撮影：林 嶢）

SL FILE.43

大型蒸機近代化の先駆け 蒸気溜と砂箱を一体化

C55 52

肥薩線と吉都線が交わる吉松駅前に、特徴的なデフを持つC55 52号機が保存されている。遠く離れた鹿児島の地に、何度出向いたことだろう。その度々に、綺麗に磨きあげられた同機に逢えることに幸せを感じる。

【DATA】鉄道資料館（観光SL会館・鹿児島県湧水町川西935-2）／アクセス：JR吉松駅からすぐ／製造：昭和12（1937）年・汽車会社／全長20.38m・全幅2.936m・全高3.945m

父の思い入れが最も強かったのが、九州薩摩地方での撮影だったに違いない。第二次世界大戦に招集された父は、その地で鉄道修復の任務についていた。行き過ぎる蒸気機関車たちを眺めながら、平和を願っていたのだろうか。吉都線と肥薩線が交わる、吉松駅前に保存されているC55 52は、特徴的なデフを持ち、私の大好きな保存機だ。 朝御飯を抜いて撮影に出掛けた肥薩線の矢岳駅前、「人吉市SL保存館」に眠るD51 170の撮影後、二時間飲まず食わずで次の列車を待った。父が足止めしたのかも知れない。この2輌の撮影には、不思議な感情が湧いたのには訳がある。

〔青春の一時を過ごした肥薩線栗野付近─それは遠い日のことであった。私はSL撮影という違った形で、久し振りにこの地を訪れた。SL撮影のあい間、疲れた体をしばし川内川の畔に癒す。若き日の想い出が、ふとよみがえる。〕古いアルバムに、父が遺していた詩である。

（文・屋鋪 要）

唯一無二の特徴的なデフを持った52号機が、朝もやのかかる早朝の吉松駅を発車して行った。 （撮影:屋鋪貢）

日豊本線で活躍していた頃。C55 52牽引旅客列車が立石峠を行く。 立石ー西屋敷／昭和36（1961）年8月（撮影:村樫四郎）

SL FILE.44

重連でお召列車を牽引したが保存後に明暗を分けた

C56 91/92

C56 91【DATA】若狭公園（鹿児島県西之表市下西池野）／アクセス：西之表港からバスで5分／製造：昭和12（1937）年・日立製作所／全長14.32m、全高3.9m

1972年10月25日、吉松機関区所属のC56 91とC56 92の重連が、鹿児島国体の際にお召列車を牽引。91号機は、廃車後西表島に渡るが塩害腐食のため解体。92号機は、鹿児島本線の出水駅前に保存されている。

C56 92【DATA】JR出水駅前（鹿児島県出水市昭和町58-100）／アクセス：JR出水駅からすぐ／製造：昭和12（1937）年・日立製作所／全長14.325m・全高3.9m

昭和39（1964）年8月、最後の活躍をするC51を求め吉松へ向かった。吉松では短い滞在時間だったが、形式入りナンバープレートのあるC51 94が煙を吐き庫の前にいた。その前に堂々と停まっていたC56 92。その時は、のちにお召列車牽引機になるとは夢にも思わなかった。昭和47（1972）年、鹿児島国体でC56 91と重連、昭和48（1973）年、C11と重連でお召列車牽引の晴れやかな姿を披露した栄光のC56 92であった。（文・相澤靖浩）

九州のC56は、古江、志布志、指宿線で使用されていた時期もあったが、戦後は主に山野、宮之城線だった。C56は製造後、日本軍の南方作戦に90輛が供出されており、91が実質上トップナンバーだった。昭和14（1939）年に91、92が吉松機関区に配置された。鉱山のある菱刈で貨物列車の時刻を聞くとC56牽引貨物列車がやってくる頃だった。駅付近で待っていると91に牽かれた貨物列車が煙を吐きあげながらやってきた。（文・林 嶢）

矢岳越えのD51、吉都・肥薩線のC51、C55と共存するC56。　吉松機関区／昭和39（1964）年8月（撮影：相澤靖浩）

菱刈鉱山のある山野線。年末ゆえ、貨物量も少なかった。　菱刈／昭和46（1971）年12月30日（撮影：林 嶢）

SL FILE.45

明治期の6200形を改造した蒸気機関車 日鉄鉱業羽鶴1080

2度出向いても、撮影は叶わなかった。日鉄鉱業の工場内に保存されていることはわかっていたのだが、伝もなく、ただ近づくだけで半ば諦めていた。その1080が、梅小路の保存機に加わろうとは夢にも思わなかった。

【DATA】京都鉄道博物館（京都市下京区観喜寺町）／アクセス：JR嵯峨野線 梅小路京都西駅から徒歩2分／製造：明治34（1901）年・ダブス社（英国）／全長11.381m・全幅2.438m・全高3.808m

東武鉄道佐野線の終点、上白石から葛生鉱業所の羽鶴まで専用鉄道が走っていて、元国鉄1070形の1080がディーゼル機関車整備、検査時には煙を上げ働いていた。

昭和38（1963）年11月、1080が久しぶりに動くという情報を聞き羽鶴に数人の仲間と駆け付けた。すでに蒸気圧も上がり、煙を上げていた1080を撮影後、羽鶴から少し歩いたところにある鉄橋でカメラを構えた。ホキ、トラを10輌くらい連結した1080は下り勾配だったためか軽快に上白石へ向けて走り去っていった。

2時間くらい待っただろうか、今度はトラ4輌で上白石から白煙を吹き流しながら羽鶴に戻ってきた。羽鶴では庫に休んでいた973、3073を引き出してもらい、1080とともに久しぶりに小型ロコを堪能した。羽鶴専用線廃止とともに廃車されると思っていたが、幸いにも京都鉄道博物館で保存されると知った時は感激した。

（文・林 嶢）

バック運転で上白石へ向かう1080。鉄橋近くの農家がアクセントとなった。
羽鶴ー上白石／昭和38（1963）年11月28日（撮影：林 嶢）

空車の貨物を牽引し、羽鶴へ戻ってきた1080。上り勾配ゆえ迫力がある。
上白石ー羽鶴／昭和38（1963）年11月28日（撮影：林 嶢）

日本の最北端の地で保存されている蒸気機関車

49648

稚内にあったC55 49が解体された今、日本最北端に保存されているのが、中頓別の49648だ。このキューロクは、追分の地で最後まで入換え作業に従事し、火を落とした。

【DATA】中頓別町寿公園（北海道中頓別町字寿64-1）／中頓別ターミナルから徒歩20分

深名線 白樺ー北母子里／昭和42年(撮影:長谷川進吾)

キマロキ編成を完全な姿で保存

59601/D51 398

かき寄せ式雪かき車と回転式雪かき車に機関車。59601キ911（マックレカー車）＋キ604（ロータリー車）＋D51 398＋ヨ4456（車掌車）のキマロキ編成が名寄に保存されている。

【DATA】北国博物館前（北海道名寄市字緑丘222）／JR名寄駅から徒歩7分

[59601]
深名線 西名寄ー名寄／昭和42年(撮影:長谷川進吾)

何度行っても飽きない桃源郷

旧神居古潭駅舎

石狩川の橋を渡るとそこに別世界が拡がる。右手に神居古潭の駅舎跡。 左手に29638、C57 201、D51 6の三重連が保存されていて、その奥がトンネルになっている。

【DATA】北海道旭川市神居町神居古潭／JR旭川駅から車40分

[29638]
函館本線 小沢ー倶知安／昭和41年（撮影：長谷川進吾）

記録することの大切さを実感

C58 16

南三陸町志津川の海に近い公園にあり、隣の広場で子どもたちが野球の練習に励んでいた。あの震災で流され転倒、暫く放置された後に解体。哀しい過去を思い出した。平成20（2008）年に撮影したが、写真で見ることしかできないだけに記録の重要性を感じた。

圧縮空気で動態保存された第一号

D51 561

空気圧縮で動態可能になった初のD51。今も、ホテル田園プラザから見下ろせばそこにある。多くの保存機の動態化に力を注いだ恒松さんは不慮の事故で他界。彼のSL愛に感謝。

【DATA】ホテル田園プラザ（群馬県川場村大字谷地2419）／JR上毛高原駅から車30分

炭坑鉄道として活躍した

三菱鉱業美唄鉄道2号機

磐ノ沢一我路／昭和41（1966）7月28日（撮影：杉江弘）

炭坑鉄道として栄えた、三菱鉱業美唄鉄道の2号機は、北海道美唄市の廃線後、東明駅跡の裏庭でひっそりと余生を送っている。道行く人も気が付かない。私は4度も訪ねている。

【DATA】旧東明駅（北海道美唄市東明5条2）／JR美唄駅から車15分

東北地方で初めて撮影した思い出の蒸機

C11 167

私が東北地方で最初に撮ったのがC11 167。青森で立ち上げたNPO法人の依頼で毎年秋に野球教室を開催。身体が元気であれば、年に一度必ず会えるのだから励みになっている。

【DATA】合浦公園（青森県青森市合浦2-16-9）／JR青森駅から車15分

梅小路で動態機として保存されている

7105（義經）

北海道の幌内鉄道を語る上で7100形は欠かせない。1883年開通当時にアメリカから8輌が輸入され、小樽に710（静）、埼玉に7102（辨慶）が遺されている。

【DATA】京都鉄道博物館（京都市下京区観喜寺町）／JR梅小路京都西駅から徒歩2分

英国から輸入された1号機

150（1号機関車）

1872年、日本の鉄道幕明け当時にイギリスから輸入された1号機だ。自作のジオラマ「新橋停車場」を、ホビーセンターカトーに展示しているので、ぜひ御覧いただきたい。

【DATA】鉄道博物館（埼玉県さいたま市大宮区大成町3-47）／鉄道博物館駅から徒歩1分

自作の1872年当時の新橋停車場。ホビーセンターカトー東京に展示。

日本で最も美しい状態で保存されている

D51 930

すばらしい状態で保存されているD51が（株）赤井製作所の敷地にある。赤井社長と親交を深め、愛知から和歌山に移転したD51 827（圧縮空気機）も一緒に会いに行った。

【DATA】根来SL公園（和歌山県岩出市根来2347-213）／JR岩出駅から車10分

汽車倶楽部の皆さんの手で保存されている

59647

行橋－小波瀬／昭和36（1961）年4月12日（撮影：村樫四郎）

「汽車倶楽部」の江口さんは、実父が田川線の「さよなら運転」で乗務したキューロクを買い取り保存。北九州の保存機たちは、倶楽部の皆さんの手で美しく修復されていく。

【DATA】汽車倶楽部（福岡県直方市大字頓野550-1）／JR直方駅から車10分

日本最南端に残っている蒸気機関車

大東糖業2号機

保存機最後の撮影が、この蒸機だった。島の砂糖黍を運搬するために、南大東島にやって来た1輌だ。お世話になった方々と島酒を酌み交わし、人情も想い出に残る撮影であった。

【DATA】ふるさと文化センター（沖縄県南大東村字在所317）／南大東空港から車10分

蒸気機関車のしくみ

大山 正

蒸気機関車の構造を大別すると、

【1】燃料を燃やし、缶水を200℃で蒸発させた飽和蒸気を、さらに300℃以上の過熱蒸気とする機能。

【2】過熱蒸気でシリンダーのピストンを動かしそのピストンの往復運動を回転運動に変換して動輪を回し、前進や後進の切換、速度調整も行う機能。

【3】機関車全体の重量を支える機能。

【4】機関車や列車を停止させる機能

などがある。

【1】はボイラーと呼ばれる部分で、3つの機構がある。煙突の付いた先頭部分が煙室、次に蒸気を溜めるドームがあって円筒を横にした形の缶胴があり、続いて燃料を燃やす火室になる。機関車のボイラーは工場などのボイラーと異なり、線路を走るため車体寸法や重量に大きな制約がある。特に煙突が短く燃焼の勢いが弱いので運転時に煙室の中を真空にして、シリンダーからの排気を真空状態の煙室から勢いよく排出する吐出管、石炭を燃やす火室に空気を取り込む風戸という装置や、さらに燃焼を助けるための送風器などを装備している。ボイラーには安全装置として規定圧力以上になると噴き出す缶安全弁、火室天井板で缶水がなくなったら警告音を出す熔栓など、さらに給水のための水面計と給水装置もそれぞれ2組ずつ実装されている。

それでは実際に石炭を焚いて蒸気を発生させる流れをC60形のイラストで説明する。C60形のボイラー水容量は最大7.8㎥で、運転時は水面計の半分から7分目の間で使用される。火室❶の焚口❷は運転室にあり、石炭が燃焼するのは火床❸と呼ばれる面積3.27㎡の火格子❹の上である。ここに石炭を20～30cmの厚さで均等に撒いて燃焼させる。燃焼温度は1,200～1,500℃になり、その火焔は缶胴❺の中の大煙管❻（外径140㎜×長さ6,000㎜×28本）、小煙管❼（外径57㎜×長さ6,000㎜×99本）を加熱しながら煙室❽に抜け、高温のまま煙突❾の外に排出される。

一方、缶胴の煙管や火室の周りで加熱された缶水❿は缶圧16kg/㎠のC60形では203.4℃で沸騰し、水蒸気に変わる。これを飽和蒸気と言う。ちなみに水1c.cが気化すると約1,600倍まで膨張しピストンを動かす原動力となる。機関車を起動するとき機関士が加減弁ハンドルを操作すると、ボイラーの上部に溜まっている飽和蒸気は蒸気溜⓫というドーム内にある加減弁⓬を通って乾燥管⓭から缶胴と煙室の境にある過熱管寄せ⓮に入る。

ここで28本ある大煙管の中に組込まれた過熱管⓯に分かれて大煙管内を2往復してから煙室側の過熱管寄せに集められる。このときには300～400℃の乾燥した過熱蒸気になる。過熱蒸気は乾燥した高温の蒸気で出力が増大し石炭と水の消費が20～30%も改善されるうえ、シリンダーで凝結水に戻りにくいことなどの利点がありほとんどの蒸気機関車は過熱式を採用している。

【2】煙室側の過熱管寄せで合流した過熱蒸気は左右2カ所の出口から主蒸気管⓰を通り、煙室下にある主台枠の左右にあるシリンダーの蒸気室⓱に入る。蒸気室の役割は機関車が起動する時の前進、後進の制御とシリンダー⓲を往復するピストン⓳の動きに同期した給気、排気の切換やその給排気量の加減を行う。これは機関士が操作する逆転器⓴の位置と動輪の回転からピストンの位置を検知した蒸気室のピストン弁㉑の役割である。この一連のピストン弁の動きでシリンダーのピストンが往復運動を続けることができるのである。

ピストンの動きはピストン棒㉒を介して外側のクロスヘッド㉓に伝わり、これと主動輪（中央の動輪）㉔のクランク㉕は主連棒㉖で結ばれ、ピストンの往復運動が主動輪の回転運動に変換される。主動輪から前後の動輪には連結棒㉗で動力を伝える。動輪には回転を安定させるためバランスウエイト㉘がついている。左右の動輪のクランクは右

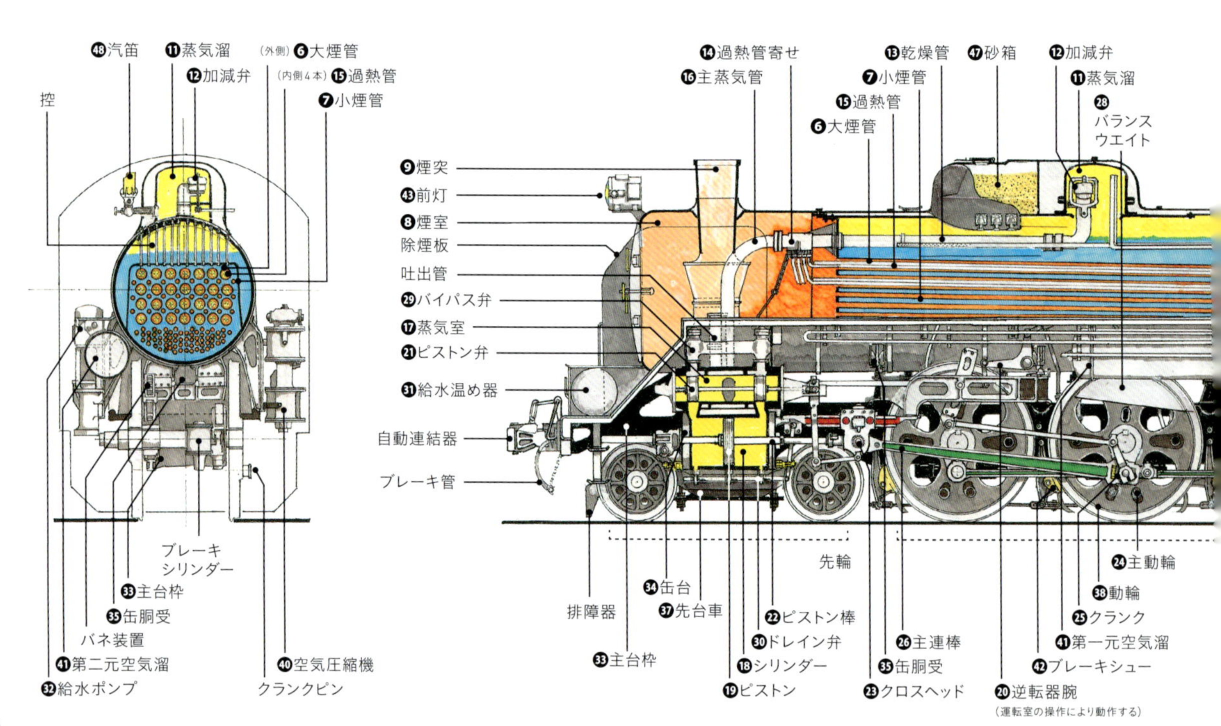

（機関車正面に向かって左側）が90°進む設計になっていて発車時に片方のピストンが死点にあっても動き出せる仕組みになっている。これらの機能はワルシャート式弁装置と呼ばれ多くの蒸気機関車が採用している。なお逆転器の機能は単に前後進の切換だけではなく、列車重量や速度、こう配などの運転条件に応じ、シリンダー内での蒸気の膨張力を効率的に使うために締切率（カットオフ）を75～15%の間で調整し、加減弁からの蒸気圧力調整と締切率を巧みに操作して機関車をスムーズに動かすことができる。

シリンダーの付属装置として重要な脇路（バイパス）装置㉙がある。蒸気の供給を止めて惰行運転に入るとピストンの片側では空気が圧縮状態に、その反対側では真空状態で大きな抵抗になりピストンの運動を阻害するばかりか煙室の煤を吸い込んでシリンダー壁を損傷させる。このため惰行運転に入ったら機関士がバイパス弁を扱って前後のシリンダーを100㎜の管で開通させる装置である。

排水弁（シリンダー・ドレイン弁）㉚は停車中にシリンダーが冷えて溜まった凝結水を排出する装置である。また給水温め器㉛はシリンダーから排出された蒸気が200°C以上の熱を残しているので排気の一部を容量20ℓの温め器に誘導し、給水ポンプ㉜からボイラーに注入する水を90°C程度に温めて石炭節約に貢献している。

【3】は主台枠㉝という機関車の背骨にあたる部分である。先に述べた左右のシリンダーを取付けた台枠内には排気膨張室が組み込まれた缶台㉞があり、その後方では缶胴受㉟がボイラーを支え、最後部の缶膨張受㊱は火室部分の重量を支えている。さらに前から2軸の先台車㊲、3軸の動輪㊳、2軸の従台車㊴が組み込まれ、この7軸の車輪のレールへの負担重量調整と軸間重量の均衡をバネ装置が支えている。

【4】C60形の空気ブレーキ装置は蒸気で動く空気圧縮機㊵で圧縮空気を作り、元空気溜（430ℓ）㊶2基と釣合空気溜（15ℓ）1基に6.5～8kg/㎠の圧力で蓄積する。運転室には機関車用単独ブレーキ弁と列車全体に作用する自動ブレーキ弁があり、機関士が操作する。機関車のブレーキシュー㊷は動輪3軸には付いているが先輪、従輪には付いていない。連結した炭水車の炭輪4軸には付けられている。

ちなみにC60形が平坦な直線区間を10両編成の客車450㌧を牽いて90km/hで走行中に非常ブレーキを扱うと停止距離は約400mと計算されるが列車や線路条件により一定ではない。

蒸気機関車は動力源となる石炭と水を搭載しなければならない。長距離や重量列車用には機関車の後ろに石炭と水を載せた炭水車を常時連結したテンダー機関車、短距離や入換用には機関車に石炭庫と水槽を組み込んだタンク機関車がある。現在動態復活しているC57 1やD51 498はテンダー機関車で、C11 207などはタンク機関車である。C60形はテンダー機関車で、炭水車の容積は炭庫が10㎥、水槽は25㎥で、運転時には水が石炭の6～8倍消費される。石炭の種類には無煙炭、瀝青炭、褐炭、亜炭、泥炭などがあるが蒸気機関車には発熱量6,500～7,600kcalの瀝青炭と4,500～6,000kcalの褐炭を混合して使用していた。瀝青炭は北海道夕張系と九州の筑豊系を、褐炭は常磐系などであった。1960年代からは「練炭」も使われ、発熱量が5,500～7,600kcalとランク別の調合が出来、燃焼が均等で火持ちが良く黒煙も少ないので乗務員からは好評だった。

その他の装置としては前灯㊸やその電気を供給するタービン発電機㊹、1963年から導入されたATS用の発電機㊺や車上子㊻などがある。ボイラー上には蒸気溜の他に砂箱㊼があり、線路に撒いて空転止めに使われる。C60形では430ℓの乾燥させた川砂を積む。㊽は合図や警告用の汽笛。

蒸気機関車を安全に効率良く動かすためには必要な時に必要なだけの蒸気を作ることができる機関助士、特急列車の3分停車時にホームの給水柱に合わせ定時にピタリと停車できる機関士の技量などが必要であった。さらに機関区に帰ってきた機関車1台1台を大切に検査、整備した多くの鉄道マンたちによって蒸気機関車の運転が成り立っていたのである。

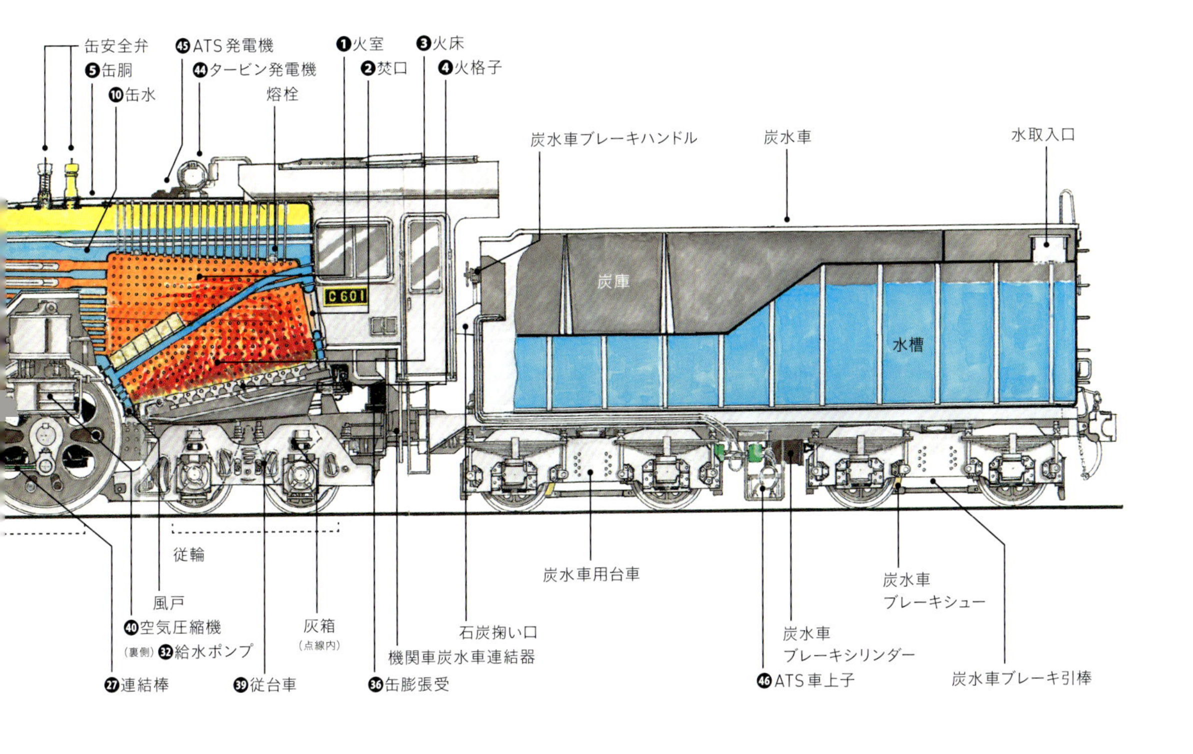

1971年の夏、北海道に父と撮影旅行に出掛け、小樽築港機関区に赴いた時のワンショットである。父の教えは「お前の周りにいる人の期待を裏切ってはいけない」要の由来は「人の中心になれ」と、願いを込められての命名だ。C62動輪下のプレートには、「お互いに信頼し、尊敬し合えるということは何と美しいことだろう」と記されていた。

生真面目で厳格で、口数は少なかったが、家族愛に溢れる父との数少ない撮影では、たびたび蒸機と私を併せて撮っていた。亀山機関区では、夢中でC50 154を撮影している11歳の私を向後から。息子と趣味を同じくすることに喜びを感じていたのだろう。少年時代の蒸気機関車撮影があったからこそ、現在の私の人生が豊かになっていると言える。

2012年8月を思い起こせば、父と北海道を旅した41年後。息子と初めて出掛けた新潟では、17日に保存機を廻り、翌日の早朝に「トワイライト・エクスプレス」を撮影して新津に移動。「ばんえつ物語」を追いかけ会津若松で別れた。彼は横浜に戻り、私は翌日新潟で野球教室。忘れられない親子初の撮影旅だった。

おわりに

親子三代が、同じ趣味を共有できたのは幸せなことでした。

家族の写真しか撮影しなかった父が、11歳で蒸気機関車の虜になった私を、撮影に連れて行ってくれたことがきっかけとなりました。フィルムのサイズは35mmが主流でしたが、晩年の父は60×60mmと60×70mmの大型カメラを手に入れ、重い機材を抱えて一人で全国各地を旅しました。1972年には二度目の北海道訪問。写真という媒体で足跡を残してくれたのです。

今年5月に、岩見沢市内に並んで保存されている、C57 144とD51 47を撮影中に不思議な体験をしました。ファインダーを覗く私のシャツを、後ろから誰かが引っ張ったのです。振り返っても公園内には誰もいません。
「そうか、父がここにいて、一緒に撮影している！」

父の古いアルバムには、苫小牧駅に到着するC57 144と、大草原を行くD51 47が遺されていたのです。

ブルートレインが大好きな息子と、年に一度の撮影旅行が今の楽しみになっています。父の魂の半分を私に。もう半分を息子に宿したのかもしれません。

生き生きと、煙を噴き上げていた半世紀前の蒸気機関車の内、幸運にも保存され、生き残った数百輌は、これからも多くの方々が見守ることになります。やはり私は、彼ら、彼女らが、綺麗な状態で皆さんの目に止まることを願っています。
「今も各地で運行されている、SL列車に乗ってください」

きっと心が和むはず、昔が懐かしく甦るはず、子供の記憶に鮮明に残るはず。蒸気機関車が、永遠に皆さんの身近にいてくれることを祈り、この書が鉄道を愛する方々の手に届くことを願います。

最後に、貴重な写真と文章を綴ってくださり、何時も私を暖かく囲んでくださる、鉄道ファンの大先輩方に深く感謝致します。

令和元年　鉄道の日　屋鋪 要

※2006年5月の撮影開始以降、保存場所や保存状態が変わっている場合もあります。また、撮影は許可を得て看板などを移動していることもあります。
※写真に撮影者の名前が記載されていないものはすべて屋鋪 要撮影。

屋鋪 要（やしきかなめ）

1959年6月11日、大阪市此花区生まれ。1972年、私立三田学園中学校入学。ドラフト6位指名を受け、1978年に横浜大洋ホエールズ（現DeNAベイスターズ）に入団。1994年、読売ジャイアンツに移籍し、初の日本一を経験。1986年から3年連続盗塁王。1984年～88年ゴールデングラブ賞獲得。引退後、読売ジャイアンツのコーチ、神奈川大学のコーチ等を務め、現在は子どもたちの野球スクール講師。週末は全国に野球教室で招かれるかたわら、鉄道趣味を満喫している。

屋鋪 貢（やしきみつぐ）

1925年8月30日、大阪府生まれ。第二次世界大戦から復員後、山下印刷（株）に入社。労働組合委員長、軟式野球部の監督を務める。熱帯魚飼育や、読書等々多趣味であった。晩年はSL撮影に勤しみ57歳で他界。

林 嶢（はやしたかし）

1940年、大阪生まれ。慶應義塾大学卒業後、民間金融機関に勤務。退職後、趣味活動を続ける。蒸気機関車を主に鉄道写真を撮り続ける。

大山 正（おおやまただし）

1946年、宮城生まれ。国鉄で機関助士のあと、システムエンジニアに転身し、Suica開発責任者など歴任。

杉江 弘（すぎえひろし）

1969年、日本航空に入社。パイロットとして乗務。現在は航空評論家として活動中。慶応鉄研三田会会員。

三品勝暉（みしなかつき）

1938年、東京生まれ。昭和36年国鉄入社。蒸気機関車から新幹線までの車両検修業務のほか、各種業務に従事。

山下修司（やましたしゅうじ）

1959年、岡山生まれ。汽車好きが高じて鉄道雑誌編集者となる。季刊『国鉄時代』前編集長。

写真・文

相澤靖浩　安達 格　新井由夫　宇都宮照信
小澤年満　長谷川進吾　早川昭文　宮地 元
村樫四郎　八木邦英

遥かなる鐵路
いま逢いに行ける蒸気機関車

令和元年10月14日　初版第1刷発行

著者　屋鋪 要
協力　環八レイルウェイズ

発行人　石井聖也
編集　藤森邦晃
営業　片村昇一
デザイン　草薙伸行 ● Planet Plan Design Works
　村田 亘 ● Planet Plan Design Works
発行所　株式会社日本写真企画
〒104-0032 東京都中央区八丁堀3-25-10
JR八丁堀ビル6階
電話 03-3551-2643
FAX 03-3551-2370
http://www.photo-con.com/

印刷・製本　株式会社東京印書館
統括プリンティングディレクター　髙柳 昇
プリンティングディレクター　山口雅彦
営業　牧野昌幸

ISBN 978-4-86562-099-3 C0095 ¥2000E
Printed in Japan